本书由国家重点研发计划项目"天然草原智能放牧与草畜精准管控关键技术"（2021YFD1300500）资助出版

中国草业统计

CHINA GRASSLAND STATISTICS

2022

农业农村部畜牧兽医局
全国畜牧总站 编

U0658928

中国农业出版社
北 京

图书在版编目（CIP）数据

中国草业统计. 2022 / 农业农村部畜牧兽医局，全国畜牧总站编. —北京：中国农业出版社，2024.1
ISBN 978-7-109-31752-9

Ⅰ. ①中⋯ Ⅱ. ①农⋯ ②全⋯ Ⅲ. ①草原资源—统计资料—中国—2022 Ⅳ. ①S812.8-66

中国国家版本馆CIP数据核字（2024）第045591号

中国农业出版社出版

地址：北京市朝阳区麦子店街18号楼
邮编：100125
责任编辑：赵　刚
责任校对：周丽芳
印刷：中农印务有限公司
版次：2024年1月第1版
印次：2024年1月北京第1次印刷
发行：新华书店北京发行所
开本：889mm×1194mm　1/32
印张：12
字数：380千字
定价：100.00元

Editorial Bord

Writing Group

Editorial–in–chief:

Chen Zhihong   Wang Jiating

Associate Editorial–in–chief:

Xin Xiaoping   Zhang Tiezhan   Tang Chuanjiang

Liu Zhongkuan   Wang Mingli   Liu Zhenying

Xie Yue   Gao Fei

Editorial Staff:

Wang Na   Wang Jiating   Wang Zhaofeng

Wang Mingli   Liu Fang   Liu Bin

Liu Zhongkuan   Qi Xiao   Yan Min

Du Xueyan   Li Jingqian   Yang Wen

Zhang Tiezhan   Chen Zhihong   Shao Changliang

Shao Linhui   Wu Qiang   Xiang MingYi

Zhao Zhiyang   Liu Zhenying   Hou Pai

Tang Hao   Tang Chuanjiang   Xie Yue

Sa Duowen

编 者 说 明

为了准确地掌握我国草业发展形势，便于从事、支持、关心草业的各有关部门和广大工作者了解、研究我国草业经济发展情况，全国畜牧总站认真履行草业统计职能，对2022年各省（自治区、直辖市）的2000多个县级草业统计资料进行了整理，编辑出版《中国草业统计2022》，供读者作为工具书查阅。

本书内容共分七个部分：第一部分为2022年草业发展概况；第二部分为天然饲草利用统计；第三部分为饲草种业统计，包括饲草种质资源保护情况、审定通过草品种名录、饲草种子生产情况；第四部分为饲草生产统计，包括饲草种植情况、多年生饲草生产情况、一年生饲草生产情况、商品草生产情况；第五部分为农闲田利用统计，包括农闲田面积情况，农闲田种草情况；第六部分为农副资源饲用统计；第七部分为草产品加工企业统计；并附有草业统计主要指标解释、全国268个牧区半牧区县名录等。

本书所涉及的全国性统计指标未包括香港、澳门特别行政区和台湾省数据。

书中部分数据合计数和相对数由于单位取舍不同而产生的计算误差，未作调整。数据项空白表示数据不详或无该项指标数据。0.0表示数据不足表中最小单位。

由于个别省份统计资料收集不够及时、全面，编辑时间仓促，加之水平有限，难免出现差错，敬请读者批评指正。

2023 年 9 月

目　　录

第一部分

2022年草业发展概况

一、饲草生产

2022年，农业农村部针对我国饲草产业发展制定了第一个专项规划《"十四五"全国饲草产业发展规划》，明确了饲草产业发展目标和14条增加优质饲草料供给的具体措施。各地在粮改饲、振兴奶业苜蓿发展行动、肉牛肉羊增量提质行动、草原畜牧业转型升级、草原生态保护补助奖励等国家政策项目的示范带动下，充分挖掘农闲田、盐碱地等土地资源种草潜力，推广应用"粮-草""经-草""果-草"等轮作、间作、套作模式，探索形成了一批饲草产业发展的典型模式，饲草总量与上年基本持平，其中，全株青贮玉米、紫花苜蓿、饲用燕麦等优质饲草供应能力稳步提升。

（一）饲草种植面积小幅下降

2022年，各地受用地政策、饲草价格、草食畜产品价格波动等因素影响，加上西北、西南部分省份干旱较重，东北、华中等地秋汛严重，全国人工种草保留面积11734.2万亩，较上年下降4.2%。各地积极调整优化饲草种植结构，多年生饲草降幅明显，一年生饲草小幅增长。全国新增人工种草面积7488.7万亩，较上年持平。其中多年生饲草种植面积423.5万亩，同比下降19.8%，一年生饲草种植面积7065.1万亩，同比增加1.86%。

（二）优质饲草供应能力提升

2022年，全国饲草总产量0.99亿吨，与上年基本持平。饲草平均单产842千克/亩，同比增加1.1%。紫花苜蓿、全株青贮玉米、饲用燕麦、多花黑麦草等优质饲草产量达到0.78亿吨，同比增长2.7%，占饲草总产量的78.8%。从优质饲草种类来看，多年生优质饲草以紫花苜蓿为主，种植面积为2715.0万亩，占全国人工种草面积的23.1%；一年生优质饲草主要为全株青贮玉米、饲用燕麦、多花黑麦草，面积分别为4947.8万亩、775.8万亩、371.5万亩，同比分别增加5.6%、16.5%、-8.1%。

（三）饲草产业布局持续优化

2022年，全国饲草种植区域分布进一步集聚，主产区特征更加明显，以西北、华北、东北为核心的苜蓿产业带，以黄淮海地区为核心的全株青贮玉米产业带，以西北、华北农牧交错带、青藏高原为核心的饲用燕麦产业带，以南方地区为核心的多花黑麦草产业带基本形成。从主要饲草品种来看，紫花苜蓿种植面积较大的省份有甘肃、陕西、新疆、宁夏、内蒙古，种植面积2477.2万亩，占全国紫花苜蓿留床面积的91.2%。全株青贮玉米种植面积较大的省份有内蒙古、新疆、甘肃、河北、宁夏、河南、云南、山东等，种植面积3978.9万亩，占全国的80.4%。饲用燕麦种植面积较大的省份有内蒙古、甘肃、青海、宁夏、河北、四川、西藏、云南等，种植面积746.9万亩，占全国的96.3%。多花黑麦草种植面积较大的省份有四川、云南、贵州、湖北、江西、湖南等，种植积342.8万亩，占全国的92.3%。

二、饲草种业

各地围绕饲草种业的重点任务，从资源保护利用、育种创新攻关、良种繁育能力提升等方面协调发力，推动饲草种业不断发展。

（一）保种育种工作扎实推进

2022年，农业农村部国家草种质资源库对3907份草种质资源进行了监测，确保库存种质资源安全保存；分发共享种质资源1483份，为支撑我国科研育种、种业成果产出提供了种质资源保障。全国畜牧总站开展了39个草品种、850个小区的区域试验。国家草品种审定委员会审定通过新品种17个，累计审定优良草品种636个；评审通过40个品种材料进入2023年度国家区域试验。

（二）饲草种子田面积稳中有升

2022年，全国饲草种子田面积86.17万亩，同比增加3.1%。其中，多年生种子田面积50.53万亩，同比增加5.4%；一年生种子田面积35.64万亩，同比持平。

（三）饲草种子生产区域性特点突出

我国饲草种子由分散生产逐渐向优势区域集中。其中，甘肃的河西走廊、河套地区、天山北麓和新疆和田为紫花苜蓿种子生产带，生产面积较大的省份有甘肃、内蒙古、陕西、新疆、宁夏，占全国苜蓿种子田面积的98.9%。西北、蒙晋冀、西南、东北为饲用燕麦种子生产带，生产面积较大的省份有青海、甘肃、云南，占全国饲用燕麦种子田面积的99.2%。东北、冀蒙、甘肃河西走廊为羊草种子生产带。冀蒙、甘肃河西走廊、青海和川西北高原为披碱草、老芒麦种子生产带。

三、商品草生产与贸易

我国商品草生产面积和产量稳步提升，饲草产品加工快速发展，青贮饲料产品占比过半。草产品进口量略有减少，进口来源更加多元。

（一）商品草面积和产量保持增长态势

2022年，商品草生产面积较上年有所增加，产能提升明显。全国商品草生产面积1531.7万亩，产量为1130万吨，同比分别增长3.1%、15.2%，单产为738千克/亩，较上年增长11.7%。从区域布局看，商品草主产区为甘肃、内蒙古和黑龙江，种植面积分别为502.3万亩、227.8万亩和199万亩，同比分别增长4.1%、34.4%和-4.3%，分别占全国的32.8%、14.9%和13%。从产品种类看，主要商品草为紫花苜蓿、青贮玉米、羊草和饲用燕麦，生产面积分别为594.6万亩、397.3万亩、269.9万亩和186.1万亩，分别占商品草生产面积的38.8%、25.9%、17.6%和12.1%；产量分别为386.8万吨、507.3万吨、32.7万吨和126.1万吨，分别占商品草生产总量的34.2%、44.9%、2.9%和11.2%。

（二）饲草产品加工加快推进

2022年，全国饲草产品加工企业及合作社达1646家，同比增加16.5%，其中专业合作社、大户（家庭农场）数量分别为690家和152家，同比分别增加4.1%和108.2%。加工企业及合作社主要集中在甘肃、青海、安徽、宁夏、陕西、内蒙古、四川等省，占全国的76.3%；加工总量（折合干草）740.7万吨，同比增加10%。

（三）草捆和青贮饲料成为主要饲草产品种类

从饲草产品种类来看，除草块产量同比下降外，其他品种均有所增长。2022年，草捆、草块、草颗粒、草粉和青贮饲料产量分别为252.9万吨、17.1万吨、67.8万吨、9.4万吨、384.7万吨（折合干草），分别占34.1%、2.3%、9.2%、1.3%和51.9%，同比分别增长5.3%、-19.0%、159.8%、0.4%和6.4%。从加工饲草种类来看，主要有青贮玉米、紫花苜蓿和饲用燕麦，三者占总量的85.7%。全国畜牧业标准委员会审定通过了6个行业标准、1个国家标准，国家草产业科技创新联盟审定通过了5个草产品团体标准，建立了苜蓿干草和青贮产品标准、燕麦干草和青贮产品标准以及玉米青贮产品标准，主要草产品质量标准得到统一和提高。

（四）饲草产品进口量小幅下降

2022年，我国饲草产品进口总量为197.81万吨，同比减少3%。其中：苜蓿干草进口178.86万吨，与上年基本持平；燕麦草进口15.24万吨，同比减少28%；苜蓿粗粉及颗粒进口3.72万吨，同比减少29%。饲草进口来源更加多元。以苜蓿干草为例，美国进口份额占比78%，同比减少3个百分点；南非占比5%，同比增加2个百分点；西班牙占比13%，与上年基本持平。此外，来自苏丹、意大利、阿根廷及哈萨克斯坦的苜蓿干草有小幅增加。在草种进口方面，进口草种6.23万吨，同比减少25.5%。其中，紫花苜蓿种子进口0.16万吨，同比减少69%，平均到岸价格5.22美元/千克，同比上涨39%，主要来自加拿大、意大利、澳大利亚和美国。饲用燕麦种子进口1.03万吨，同比减少56%，平均到岸价格0.84美元/

千克，同比上涨40%，主要来自加拿大和美国。黑麦草种子进口3.38万吨，与上年基本持平，平均到岸价格2.33美元/千克，同比上涨46%，主要来自美国、阿根廷、新西兰及丹麦。三叶草种子进口0.22万吨，同比减少38%，平均到岸价格5.13美元/千克，同比上涨25%，主要来自丹麦、阿根廷、加拿大及新西兰。羊茅种子进口1.05万吨，同比减少50%，平均到岸价格4.48美元/千克，同比上涨113%，主要来自美国和丹麦。草地早熟禾种子进口0.39万吨，同比减少51%，平均到岸价格6.25美元/千克，同比上涨75%，主要来自美国和丹麦。

第二部分

天然饲草利用统计

2-1　全国及牧区半牧区天然饲草利用情况

指　标		单位	全　国	牧区半牧区	牧区	半牧区
天然草地承包面积	累　计	万亩	390126	313805	234318	79487
	承包到户	万亩	344181	283879	220053	63826
	承包到联户	万亩	40632	27790	13094	14696
	其他承包形式	万亩	5313	2136	1170	965
禁牧休牧轮牧面积	合　计	万亩	254561	207031	154986	52045
	禁　牧	万亩	110352	87402	61473	25929
	休　牧	万亩	100752	89884	74326	15558
	轮　牧	万亩	43457	29745	19187	10557
天然草地利用面积	合　计	万亩	193353	155873	124050	31823
	打贮草	万亩	17266	14960	9261	5699
	刈牧兼用	万亩	25502	18726	13614	5112
	其他方式利用	万亩	150585	122187	101175	21012
贮草情况	干草总量	万吨		2774	994	1781
	青贮总量	万吨		1687	547	1140
打井数量	累　计	个		98761	60861	37900
	当年打井	个		2317	2066	251
草场灌溉面积		万亩		470	207	263
井灌面积		万亩		80	51	28
定居点牲畜棚圈面积		万平方米		4700	2360	2340

2-2 各地区天然

地　区	天然草地承包面积累计	承包到户	承包到联户	其他承包形式	禁牧休牧轮牧面积	禁牧
合　计	390126.3	344181.1	40631.9	5313.4	254561.3	110351.5
河　北	1971.2	199.1	1628.8	143.2	1686.1	1606.1
山　西	107.6	26.4	78.2	3.0	1828.5	1537.7
内蒙古	74600.2	66648.5	7254.3	697.3	65772.6	21075.5
辽　宁	679.1	650.1	22.4	6.6	705.0	705.0
吉　林	762.8	695.5	64.9	2.5	544.3	536.8
黑龙江	1156.0	754.5	387.1	14.4	1497.3	1424.4
江　苏	1.0	0.1		0.9		
安　徽	87.7	65.2	11.7	10.8	72.1	37.0
福　建						
山　东	32.5	2.5		30.0	2.5	2.5
河　南	73.8	55.7	6.2	12.0	352.5	246.6
湖　北	563.8	334.1	122.4	107.3	130.9	56.6
湖　南	2356.3	1870.5	336.2	149.7	748.9	303.4
广　东	25.3	16.8	7.6	0.9	12.8	2.4
广　西	88.9	47.6	9.6	31.7	174.3	50.7
海　南	2.0	0.0		2.0		
重　庆	126.2	89.3	7.0	30.0	78.2	28.4
四　川	23985.4	19621.3	4346.5	17.6	15901.4	6808.2
贵　州	1004.1	306.3	594.5	103.3	402.3	171.4
云　南	17660.5	14204.6	3427.5	28.5	9174.8	2726.7
西　藏	108886.5	100265.7	7764.8	856.0	18347.7	12793.0
陕　西	494.0	294.0	168.0	32.0	3315.5	3315.5
甘　肃	22825.3	20626.0	2160.4	38.9	19308.3	9236.5
青　海	59416.1	54452.7	4880.0	83.3	46888.9	27689.1
宁　夏	3274.6	2533.9	721.6	19.2	3083.6	3083.6
新　疆	67570.9	58199.1	6513.8	2858.0	62841.2	15828.7
新疆兵团	2280.8	2138.6	113.9	28.3	1389.3	784.1
黑龙江农垦	93.5	83.1	4.5	5.9	302.3	301.4

饲草利用情况

单位：万亩

休牧	轮牧	天然草地利用面积	打贮草	刈牧兼用	其他方式利用
100752.4	**43457.4**	**193352.9**	**17265.7**	**25502.1**	**150585.1**
80.0		493.6	286.4	18.5	188.7
120.8	170.0	242.6	1.5	12.7	228.4
44123.8	573.4	15143.6	7018.3	2002.7	6122.6
		5.2	5.2		
2.5	5.0	86.2	71.3	6.1	8.8
	72.9	785.9	357.8	388.8	39.4
		29.7			29.7
7.8	27.2	47.8	3.4	5.1	39.3
		0.0			0.0
39.0	66.9	218.1	97.2	48.2	72.7
8.4	65.9	220.8	16.1	38.2	166.4
170.3	275.1	1181.0	22.7	776.6	381.6
3.2	7.2	97.8	7.4	6.7	83.7
46.8	76.8	70.5	0.5	25.2	44.8
17.0	32.8	201.5	7.8	30.3	163.4
6781.9	2311.2	5236.7	619.1	676.7	3940.9
92.9	138.1	247.0	17.5	60.1	169.4
915.2	5532.9	7738.0	322.3	1959.9	5455.7
2459.5	3095.2	52672.5	2510.8	830.0	49331.8
		308.3	38.0		270.3
5861.5	4210.3	4074.3	240.0	1055.6	2778.6
7836.0	11363.8	41764.1	3246.2	1794.0	36723.9
		348.8	348.8		
32099.0	14913.5	60839.7	1795.2	15756.5	43287.9
85.9	519.3	1216.4	161.8	10.3	1044.4
0.9		82.8	70.3		12.6

13

2-3　各地区牧区半牧区

地　区	天然草地承包面积	承包到户	承包到联户	其他承包形式	禁牧休牧轮牧面积	禁牧
合　计	313804.9	283879.1	27790.2	2135.5	207031.0	87402.0
河　北	1562.4	11.4	1470.2	80.8	768.0	768.0
山　西	78.1		78.1		78.1	78.1
内蒙古	72769.7	65437.5	6654.9	677.3	63756.2	19805.8
辽　宁	429.6	423.0		6.6	427.2	427.2
吉　林	513.6	467.9	45.8	0.0	416.4	416.4
黑龙江	964.7	591.1	361.6	12.0	1247.7	1177.7
四　川	22339.9	18055.1	4283.9	0.9	15837.7	6789.0
云　南	1383.6	1128.6	255.0		1383.6	607.3
西　藏	91485.4	86614.6	4167.5	703.2	17417.7	12503.0
甘　肃	18072.4	16750.7	1321.7		15442.1	5942.8
青　海	57728.6	54398.6	3246.7	83.3	46888.9	27689.1
宁　夏	2183.5	1473.5	709.9		1486.3	1486.3
新　疆	44293.4	38527.1	5195.0	571.3	41881.1	9711.4

地区	贮草情况		打井数量	
	干草总量	青贮总量		当年打井
合　计	2774.3	1686.9	98761	2317
河　北	27.3	59.0	210	
山　西				
内蒙古	615.2	549.5	94835	1947
辽　宁		0.5		
吉　林	21.1	50.7	664	200
黑龙江	87.2	38.5	50	
四　川	390.6	75.7	3	2
云　南	4.5	0.5		
西　藏	81.2	192.4	502	84
甘　肃	308.0	203.9	2	
青　海	95.7	10.2	1903	20
宁　夏	29.8	20.7		
新　疆	1113.6	485.3	592	64

天然饲草利用情况

单位：万亩、万吨、个、万平方米

休牧	轮牧	天然草地利用面积	打贮草	刈牧兼用	其他方式利用
89884.3	**29744.7**	**155872.6**	**14959.8**	**18725.7**	**122187.1**
		241.1	233.8	5.6	1.7
43377.1	573.4	13877.8	6303.0	1595.5	5979.3
0.0	0.0	64.7	55.9	6.1	2.7
	70.0	710.5	302.9	380.5	27.1
6768.6	2280.2	4971.5	611.5	567.3	3792.7
422.2	354.1	1.8	1.8		
1969.5	2945.2	50399.1	2080.1	94.1	48224.9
5589.2	3910.2	3225.9	240.0	1055.6	1930.2
7836.0	11363.8	40076.7	3246.2	1794.0	35036.4
		326.5	326.5		
23921.9	8247.9	41977.2	1558.1	13227.0	27192.1

草场灌溉面积	井灌面积	定居点牲畜棚圈
470.4	**79.6**	**4700**
1		238
		21
147.0	54.7	1594
177.1	17.2	207
1.2	1.2	467
0.8	0.1	185
		127
5.3	0.8	37
		572
5.9	0.8	570
132.0	4.7	682

2-4 各地区牧区天然

地 区	天然草地承包面积	承包到户	承包到联户	其他承包形式	禁牧休牧轮牧面积	禁牧
合 计	234318.0	220053.4	13094.1	1170.5	154986.1	61472.7
内蒙古	58348.2	54263.0	3775.7	309.5	51557.2	10440.5
黑龙江	197.0	16.0	181.0		197.0	197.0
四 川	13600.2	11455.6	2144.6		10717.8	5154.6
西 藏	68117.3	66027.1	1736.0	354.2	12748.2	9315.0
甘 肃	12548.9	11927.0	621.9		10796.2	3241.1
青 海	56050.4	53295.7	2671.4	83.3	45830.7	27297.7
宁 夏	1419.9	709.9	709.9		709.9	709.9
新 疆	24036.1	22359.1	1253.6	423.4	22429.1	5116.9

地 区	贮草情况		打井数量	
	干草总量	青贮总量		当年打井
合 计	993.7	547.0	60861	2066
内蒙古	191.0	242.0	58260	1910
黑龙江	26.0			
四 川	154.0			
西 藏			500	82
甘 肃	162.0	7.0		
青 海	96.0	1.0	1703	20
宁 夏	9.0	21.0		
新 疆	356.0	276.0	398	54

饲草利用情况

单位：万亩、万吨、个、万平方米

休牧	轮牧	天然草地利用面积	打贮草	刈牧兼用	其他方式利用
74326.1	**19187.2**	**124049.6**	**9260.6**	**13614.2**	**101174.9**
40543.3	573.4	12347.0	5026.7	1374.1	5946.1
		197.0		197.0	
4772.2	791.0	1279.2	526.2	17.3	735.7
977.1	2456.1	45482.5			45482.5
4072.3	3482.8	2242.2		443.2	1799.0
7836.0	10697.0	38685.9	3246.2	1595.0	33844.7
		18.5	18.5		
16125.3	1186.9	23797.4	442.9	9987.6	13366.9

草场灌溉面积	井灌面积	定居点牲畜棚圈
207.1	**51.3**	**2360**
119.0	45.0	1128
		4
1.4	0.8	4
		337
5.9	0.8	559
80.8	4.7	327

2-5 各地区半牧区

地区	天然草地承包面积	承包到户	承包到联户	其他承包形式	禁牧休牧轮牧面积	禁牧
合　计	79486.9	63825.7	14696.2	965.0	52044.9	25929.3
河　北	1562.4	11.4	1470.2	80.8	768.0	768.0
山　西	78.1		78.1		78.1	78.1
内蒙古	14421.5	11174.5	2879.2	367.8	12199.1	9365.2
辽　宁	429.6	423.0		6.6	427.2	427.2
吉　林	513.6	467.9	45.8	0.0	416.4	416.4
黑龙江	767.7	575.1	180.6	12.0	1050.7	980.7
四　川	8739.7	6599.5	2139.3	0.9	5120.0	1634.4
云　南	1383.6	1128.6	255.0		1383.6	607.3
西　藏	23368.1	20587.5	2431.5	349.0	4669.5	3188.0
甘　肃	5523.5	4823.7	699.8		4646.0	2701.7
青　海	1678.2	1102.9	575.3		1058.2	391.4
宁　夏	763.6	763.6			776.4	776.4
新　疆	20257.3	16168.0	3941.4	147.9	19452.0	4594.5

地区	贮草情况		打井数量	
	干草总量	青贮总量		当年打井
合　计	1780.6	1139.5	37900	251
河　北	27.3	59.0	210	
山　西				
内蒙古	424.3	307.8	36575	37
辽　宁		0.5		
吉　林	21.1	50.7	664	200
黑龙江	61.6	38.5	50	
四　川	236.3	75.7	3	2
云　南	1.5	0.5		
西　藏	81.2	192.4	2	2
甘　肃	145.7	196.5	2	
青　海		9.0	200	
宁　夏	20.6			
新　疆	758.0	208.9	194	10

注：天然饲草利用数据来自各省农业农村部门调查数据。

天然饲草利用情况

单位：万亩、万吨、个、万平方米

休牧	轮牧	天然草地利用面积	打贮草	刈牧兼用	其他方式利用
15558.2	**10557.5**	**31823.0**	**5699.3**	**5111.5**	**21012.2**
		241.1	233.8	5.6	1.7
2833.8	0.0	1530.9	1276.3	221.4	33.2
0.0	0.0	64.7	55.9	6.1	2.7
	70.0	513.5	302.9	183.5	27.1
1996.4	1489.2	3692.3	85.3	550.0	3057.0
422.2	354.1	1.8	1.8		
992.4	489.1	4916.6	2080.1	94.1	2742.4
1516.9	427.4	983.6	240.0	612.4	131.2
	666.8	1390.7		199.0	1191.7
		308.0	308.0		
7796.5	7061.0	18179.8	1115.2	3239.4	13825.2

草场灌溉面积	井灌面积	定居点牲畜棚圈
263.2	**28.2**	**2340**
1.0		238
		21
28.0	9.7	466
177.1	17.2	207
1.2	1.2	467
0.8	0.1	181
		127
3.9		33
		235
		11
51.1		355

第三部分

饲草种业统计

一、饲草种质资源保护情况

3-1　各地区饲草种质资源保护情况

单位：份

承担单位	收集评价										鉴定评价	无性及特殊材料保存	生活力监测	复检入库	分发利用
	总计	栽培		野生		引进			兼用	珍稀濒危	特有					
		一年生	多年生	一年生	多年生	一年生	多年生								
合　计													398	3907		1483
中国农业科学院北京畜牧兽医研究所														731		170
中国农业科学院草原研究所														510		342
中国热带农业科学院热带作物品种资源研究所													398	1200		77
牧草种质资源保存中心														1466		894

23

二、审定通过

3-2 2022年全国草品种审定

序号	科	属	种	品种名称	品种类别
1	豆科	苜蓿属	紫花苜蓿	WL440HQ	引进品种
2	豆科	苜蓿属	紫花苜蓿	甘农 12 号	育成品种
3	豆科	苜蓿属	金花菜	浙东	地方品种
4	豆科	野豌豆属	箭筈豌豆	蒙中	地方品种
5	豆科	车轴草属	白三叶	舒克（Sulky）	引进品种
6	豆科	大豆属	野大豆—大豆杂交种	鲁饲 3 号	育成品种
7	豆科	木蓝属	穗序木蓝	闽南	野生栽培品种
8	豆科	银合欢属	异叶银合欢	琼西	地方品种
9	禾本科	高粱属	苏丹草	川苏 1 号	育成品种
10	禾本科	高粱属	高粱—苏丹草杂交种	蜀草 4 号	育成品种
11	禾本科	燕麦属	燕麦	青燕 2 号	育成品种
12	禾本科	披碱草属	老芒麦	环湖	野生栽培品种
13	禾本科	赖草属	赖草	晋北	野生栽培品种
14	禾本科	牛鞭草属	牛鞭草	川中	野生栽培品种
15	禾本科	仲彬草属	大颖草	青南	野生栽培品种
16	禾本科	早熟禾属	草地早熟禾	太行	野生栽培品种
17	禾本科	早熟禾属	草地早熟禾	帽儿山	野生栽培品种

草品种名录

委员会审定通过草品种名录

申报单位	申报者	适宜区域
河北省农林科学院农业资源环境研究所 / 河南农业大学 / 北京正道农业股份有限公司	刘忠宽、王成章、谢楠、孙浩、赵利	适宜在我国的西南及类似地区种植
甘肃农业大学	师尚礼、胡桂馨、王虹、李哲、苏爱莲	适宜在我国西北及类似地区种植
扬州大学	魏臻武、耿小丽、崔佳雯、闵学阳、李如正	适宜在南方冬季温暖潮湿的地区种植
内蒙古自治区农牧业科学院 / 内蒙古草都草牧业股份有限公司	丁海君、赵和平、贾明、房永雨、刘思博	适宜在内蒙古中东部、甘肃、新疆等低山丘陵区种植
四川农业大学 / 四川省草原科学研究院 / 北京猛犸种业有限公司	马啸、聂刚、张新全、雷雄、赵俊茗	适宜在长江中上游的中低海拔地区种植
山东省畜牧总站	姜慧新、翟桂玉、原培勋、刘继明、柏杉杉	适宜在我国华北、中原及长江中下游北部气候温暖湿润的地区种植
福建省农业科学院农业生态研究所 / 福建省农业科学院土壤肥料研究所	王俊宏、黄毅斌、黄水珍、徐国忠、郑向丽	适宜在热带、亚热带地区作为饲草、绿肥种植利用
中国热带农业科学院热带作物品种资源研究所 / 海南大学	虞道耿、刘国道、罗丽娟、董荣书、李欣勇	适宜在海拔 300 ～ 1500 米、年降水量 750 毫米以上的南亚热带和热带地区种植
四川省农业科学院农业资源与环境研究所	林超文、朱永群、许文志、彭建华、徐娅玲	适宜在南方年降水量 500 毫米以上的丘陵、平坝地区种植
四川省农业科学院农业资源与环境研究所	朱永群、许文志、彭建华、林超文、徐娅玲	适宜在我国南方长江中下游的丘陵、平坝地区种植
青海省畜牧兽医科学院	梁国玲、刘文辉、贾志锋、刘勇、马祥	适宜在青海省海拔 2500 ～ 3200 米地区以及国内其他冷凉地区种植
青海省畜牧兽医科学院	刘文辉、梁国玲、张永超、秦燕、魏小星	适宜在青藏高原及北方草原区，用于天然草地改良和人工草地建植
山西农业大学	杜利霞、任国华、董宽虎、侯向阳、姜树珍	适宜在年降水量 200 ～ 700 毫米的华北、中原等干旱及盐碱地区种植
四川农业大学	黄琳凯、张新全、聂刚、王小珊、冯光燕	适宜在长江中上游低海拔、冬暖湿润地区种植
青海省草原总站 / 青海省牧草良种繁殖场	乔安海、唐俊伟、马力、汪新川、王晓彤	适宜在青海省海拔 2200 ～ 4200 米的高原或类似地区种植
山西农业大学	朱慧森、夏方山、杜利霞、董宽虎、张燕	适宜在我国华北、西北及东北中南部地区用作绿地、运动场、护坡草坪建植
东北农业大学	陈雅君、谢福春、秦立刚、张攀、孙晓阳	适宜在我国东北、西北及西南高海拔冷凉地区用作绿地、运动场、护坡草坪建植

三、饲草种

3-3 2018-2022 年全国

饲草种类	饲草类型	2018 年		2019 年	
		面积	种子产量	面积	种子产量
合　计		**142.90**	**95718.44**	**138.10**	**94710.85**
	多年生合计	**90.71**	**31216.08**	**65.59**	**22799.73**
冰草		0.27	2.7	0.27	10.8
串叶松香草		0.03	21.0	0.03	19.2
多年生黑麦草		0.18	93.7	0.21	96.0
狗尾草（多年生）		0.16	224.0	0.23	233.0
红豆草		1.42	719.6	1.38	821.7
红三叶		0.1	10.7	0.01	2.8
菊苣		0.08	9.4		
老芒麦		6.21	3156.8	0.75	415.0
罗顿豆		0.01	1.7		
猫尾草		0.10	30.0	0.20	50.0
木豆		0.02	2.4	0.02	24.0
披碱草		10.85	5779.0	7.45	4605.0
臂形草		1.80	360.0		
雀稗		0.83	512.5	0.20	40.0
三叶草		0.08	13.9	0.01	2.8
沙打旺		0.50	227.5		40.0
小冠花		0.20	50.0	0.20	50.0

子生产情况

分种类饲草种子田生产情况

单位：万亩、吨

2020 年		2021 年		2022 年	
面积	种子产量	面积	种子产量	面积	种子产量
107.46	**90368.05**	**83.60**	**87591.91**	**86.17**	**77317.14**
49.74	**19873.37**	**47.95**	**16698.55**	**50.53**	**11953.02**
0.00	0.2	0.05	7.9	0.10	20.0
0.02	12.0				
0.41	188.5	0.34	171.2	0.42	237.0
0.39	102.2	0.14	107.5	0.00	0.6
0.28	189.0	0.25	116.5	0.11	48.5
0.02	3.5	0.02	3.5	0.01	1.5
0.30	165.0	0.24	99.3	0.23	94.0
0.01	1.7				
0.20	50.0	0.20	50.0	0.35	135.0
2.25	3184.7	6.55	3062.0	4.87	1579.0
0.02	0.7	0.01	1.1	0.01	1.9
0.43	116.0	0.41	115.8	0.30	102.0
0.02					
	64.0		110.0		18.0
0.20	50.0				

3-3 2018-2022年全国分种类

饲草种类	饲草类型	2018年		2019年	
		面积	种子产量	面积	种子产量
无芒雀麦				0.05	25.0
鸭茅		0.62	137.5	0.11	33.5
羊草		0.96	252.0	3.32	452.0
圆叶决明		0.01	1.5		
早熟禾		0.48	158.8		
柱花草		0.09	21.0	0.09	21.0
紫花苜蓿		65.11	17662.9	50.67	14370.5
其他多年生饲草		0.66	1767.6	0.40	1487.5
	一年生合计	**52.19**	**64502.36**	**72.51**	**71911.12**
多花黑麦草		0.32	162.2	0.24	120.4
箭筈豌豆		3.00	3349.0	1.63	1579.2
毛苕子（非绿肥）		2.57	2232.5	1.36	737.0
墨西哥类玉米					
苏丹草		9.62	4827.2	13.25	6818.2
饲用大麦		0.05	230.0		
饲用黑麦		0.31	582.0	0.03	36.5
饲用小黑麦		3.74	4159.9	4.50	6964.2
饲用燕麦		22.42	43083.8	43.60	51886.0
紫云英（非绿肥）		0.98	426.2	0.33	150.2
其他一年生饲草		9.18	5449.6	7.59	3619.5

饲草种子田生产情况（续）

单位：万亩、吨

2020 年		2021 年		2022 年	
面积	种子产量	面积	种子产量	面积	种子产量
0.05	50.0	0.05	40.0	0.15	70.0
0.14	42.5	0.01	1.0		
3.08	370.2	3.02	364.5	5.31	1013.7
		5.03	926.1	2.51	156.6
0.08	18.5	0.08	18.0		
40.40	11707.7	28.64	7178.8	33.26	7901.3
1.44	3557.0	2.92	4325.4	2.89	573.9
57.73	**70494.68**	**35.65**	**70893.36**	**35.64**	**65364.12**
0.24	120.3	0.33	193.8	0.38	196.7
5.20	7800.0			0.35	700.0
7.20	3586.0	2.04	1030.0	2.05	1090.0
0.01	100.0		3.0		
8.52	4520.3	1.73	1456.2	1.80	1533.2
0.09	280.3	0.01	20.0	0.06	112.1
0.14	350.0	0.31	855.0	0.16	445.0
34.02	51633.5	28.59	66327.0	28.86	60516.0
0.35	1205.1	0.07	21.3	0.09	41.2
1.96	899.2	2.57	987.1	1.90	730.0

3-4　全国及牧区半牧区分种类饲草种子生产情况

单位：万亩、千克/亩、吨

区　域	饲草种类	饲草类型	种子田面积	平均产量	种子产量	草场采种量	种子销售量
全　国			**86.17**	**88**	**77317.1**	**1166.8**	**18606.4**
		多年生合计	**50.53**	**22**	**11953.0**	**1029.2**	**4550.0**
	臂形草		0.01	19	1.9	0.0	1.1
	冰草		0.10	20	20.0		20.0
	多年生黑麦草		0.42	54	237.0	11.7	19.2
	狗尾草		0.00	15	0.6		0.2
	红豆草		0.11	44	48.5		30.0
	红三叶		0.01	15	1.5		1.0
	老芒麦		0.23	20	94.0	48.0	
	猫尾草		0.35	27	135.0	40.0	38.0
	披碱草		4.87	31	1579.0	80.6	1360.6
	雀稗		0.30	34	102.0		
	沙打旺				18.0	18.0	
	无芒雀麦		0.15	33	70.0	20.0	45.0
	羊草		5.31	18	1013.7	46.0	51.0
	早熟禾		2.51	6	156.6	6.0	137.6
	紫花苜蓿		33.26	23	7901.3	306.0	2561.4
	其他多年生饲草		2.89	4	573.9	453.0	285.0
		一年生合计	**35.64**	**183**	**65364.1**	**137.5**	**14056.3**
	多花黑麦草		0.38	38	196.7	52.0	53.8
	箭筈豌豆		0.35	200	700.0		500.0
	毛苕子（非绿肥）		2.05	53	1090.0		490.0
	饲用黑麦		0.06	200	112.1	0.1	3.0

3-4　全国及牧区半牧区分种类饲草种子生产情况（续）

单位：万亩、千克/亩、吨

区　域	饲草种类	饲草类型	种子田面积	平均产量	种子产量	草场采种量	种子销售量
牧区半牧区	饲用小黑麦		0.16	278	445.0		435.0
	饲用燕麦		28.86	210	60516.0	0.5	12466.2
	苏丹草		1.80	81	1533.2	85.0	96.8
	紫云英（非绿肥）		0.09	47	41.2		2.6
	其他一年生饲草		1.90	38	730.0		9.0
			37.95	51	19771.4	322.5	3888.6
		多年生合计	27.86	17	5180.9	322.0	2259.6
	冰草		0.10	20	20.0		20.0
	老芒麦		0.23	20	94.0	48.0	
	猫尾草		0.35	27	135.0	40.0	38.0
	披碱草		4.85	31	1571.8	77.0	1357.0
	无芒雀麦		0.15	33	70.0	20.0	45.0
	羊草		5.31	18	1005.7	38.0	51.0
	早熟禾		2.51	6	156.6	6.0	137.6
	紫花苜蓿		11.55	17	1990.5	40.0	531.0
	其他多年生饲草		2.81	3	137.3	53.0	80.0
		一年生合计	10.10	145	14590.5	0.5	1629.0
	毛苕子（非绿肥）		1.05	46	480.0		
	饲用燕麦		7.05	187	13160.5	0.5	1620.0
	苏丹草		0.10	220	220.0		
	其他一年生饲草		1.90	38	730.0		9.0

3-4 全国及牧区半牧区分种类饲草种子生产情况（续）

单位：万亩、千克/亩、吨

区 域	饲草种类	饲草类型	种子田面积	平均产量	种子产量	草场采种量	种子销售量
牧 区			17.74	36	6584.4	214.0	2004.6
		多年生合计	14.81	16	2517.4	214.0	2004.6
	冰草		0.10	20	20.0		20.0
	老芒麦		0.23	20	94.0	48.0	
	披碱草		4.85	31	1571.8	77.0	1357.0
	无芒雀麦		0.15	33	70.0	20.0	45.0
	羊草		0.11	7	7.7		
	早熟禾		2.51	6	156.6	6.0	137.6
	紫花苜蓿		4.05	11	460.0	10.0	365.0
	其他多年生饲草		2.81	3	137.3	53.0	80.0
		一年生合计	2.93	139	4067.0		
	饲用燕麦		2.83	136	3847.0		
	苏丹草		0.10	220	220.0		
半牧区			20.21	65	13187.0	108.5	1884.0
		多年生合计	13.05	20	2663.5	108.0	255.0
	猫尾草		0.35	27	135.0	40.0	38.0
	羊草		5.20	18	998.0	38.0	51.0
	紫花苜蓿		7.50	20	1530.5	30.0	166.0
		一年生合计	7.17	147	10523.5	0.5	1629.0
	毛苕子（非绿肥）		1.05	46	480.0		
	饲用燕麦		4.22	221	9313.5	0.5	1620.0
	其他一年生饲草		1.90	38	730.0		9.0

3-5 各地区分种类饲草种子生产情况

单位：万亩、千克/亩、吨

地　区	饲草种类	种子田面积	平均产量	种子产量	草场采种量	种子销售量
合　计		86.17	88	77317.1	1166.8	18606.4
山　西		0.05	13	6.5		
	紫花苜蓿	0.05	13	6.5		
内蒙古		11.04	16	1776.7	60.0	780.0
	羊草	4.31	20	847.7		
	紫花苜蓿	6.73	13	879.0	10.0	780.0
	其他多年生饲草			50.0	50.0	
吉　林		1.10	15	208.8	46.0	51.0
	羊草	1.00	12	166.0	46.0	51.0
	紫花苜蓿	0.10	45	42.8	0.0	
安　徽		0.02	52	10.4		1.6
	紫云英（非绿肥）	0.02	52	10.4		1.6
福　建		0.28	35	98.0		
	雀稗	0.28	35	98.0		
山　东		0.20	30	60.0		57.0
	紫花苜蓿	0.20	30	60.0		57.0
河　南		0.04	64	25.6		
	其他多年生饲草	0.04	64	25.6		
湖　北		0.26	46	131.5	10.1	19.2
	多花黑麦草	0.05	53	28.1		1.8
	多年生黑麦草	0.13	50	76.2	9.9	16.1
	红三叶	0.01	15	1.5		1.0
	苏丹草	0.05	50	23.0		
	紫花苜蓿	0.02	12	2.7	0.3	0.3
湖　南		2.14	67	1565.4	138.9	57.4
	多花黑麦草	0.33	36	168.6	52.0	52.0

3-5 各地区分种类饲草种子生产情况（续）

单位：万亩、千克/亩、吨

地 区	饲草种类	种子田面积	平均产量	种子产量	草场采种量	种子销售量
广　西	多年生黑麦草	0.08	75	58.8	1.8	1.1
	饲用黑麦	0.06	200	112.1	0.1	3.0
	苏丹草	1.61	69	1193.6	85.0	0.2
	紫花苜蓿	0.00	50	1.6	0.1	0.1
	紫云英（非绿肥）	0.07	45	30.8	0.0	1.0
	****	**0.00**	**10**	**0.2**		
	狗尾草	0.00	10	0.2		
海　南	****	**0.02**	**30**	**406.0**	**400.0**	**200.0**
	其他多年生饲草	0.02	30	406.0	400.0	200.0
四　川	****	**3.42**	**41**	**1444.0**	**48.0**	**11.0**
	多年生黑麦草	0.01	20	2.0		2.0
	老芒麦	0.23	20	94.0	48.0	
	毛苕子（非绿肥）	1.05	46	480.0		
	饲用燕麦	0.23	60	138.0		
	其他一年生饲草	1.90	38	730.0		9.0
贵　州	****	**0.22**	**47**	**104.0**		
	多年生黑麦草	0.20	50	100.0		
	雀稗	0.02	20	4.0		
云　南	****	**3.36**	**94**	**3152.3**	**0.0**	**2491.3**
	臂形草	0.01	19	1.9	0.0	1.1
	狗尾草	0.00	20	0.4		0.2
	箭筈豌豆	0.35	200	700.0		500.0
	毛苕子（非绿肥）	1.00	61	610.0		490.0
	饲用燕麦	2.00	92	1840.0		1500.0
西　藏	****	**0.02**	**100**	**15.5**	**0.5**	
	饲用燕麦	0.02	100	15.5	0.5	

3-5　各地区分种类饲草种子生产情况（续）

单位：万亩、千克/亩、吨

地　区	饲草种类	种子田面积	平均产量	种子产量	草场采种量	种子销售量
陕　西		1.22	30	389.0	18.0	25.0
	沙打旺			18.0	18.0	
	紫花苜蓿	1.20	31	366.0		20.0
	其他多年生饲草	0.02	25	5.0		5.0
甘　肃		32.66	60	20036.9	295.6	5985.8
	红豆草	0.11	44	48.5		30.0
	猫尾草	0.35	27	135.0	40.0	38.0
	披碱草	1.42	40	567.2	3.6	503.6
	饲用燕麦	6.62	196	13000.5		3796.2
	紫花苜蓿	24.16	25	6285.7	252.0	1618.0
青　海		28.77	162	46777.7	86.0	8244.6
	披碱草	3.45	27	1011.8	77.0	857.0
	饲用燕麦	20.00	228	45522.0		7170.0
	早熟禾	2.51	6	156.6	6.0	137.6
	其他多年生饲草	2.81	3	87.3	3.0	80.0
宁　夏		0.24	134	327.6	3.6	295.0
	饲用小黑麦	0.11	245	270.0		260.0
	紫花苜蓿	0.13	41	57.6	3.6	35.0
新　疆		1.11	65	781.0	60.0	387.6
	冰草	0.10	20	20.0		20.0
	饲用小黑麦	0.05	350	175.0		175.0
	苏丹草	0.14	223	316.6		96.6
	无芒雀麦	0.15	33	70.0	20.0	45.0
	紫花苜蓿	0.67	24	199.4	40.0	51.0

3-6 各地区牧区半牧区分种类饲草种子生产情况

单位：万亩、千克/亩、吨

地 区	饲草种类	种子田面积	平均产量	种子产量	草场采种量	种子销售量
合 计		37.95	51	19771.4	322.5	3888.6
内蒙古		9.04	15	1392.7	60.0	410.0
	羊草	4.31	20	847.7		
	紫花苜蓿	4.73	10	495.0	10.0	410.0
	其他多年生饲草			50.0	50.0	
吉 林		1.08	15	196.0	38.0	51.0
	羊草	1.00	12	158.0	38.0	51.0
	紫花苜蓿	0.08	50	38.0		
四 川		3.41	41	1442.0	48.0	9.0
	老芒麦	0.23	20	94.0	48.0	
	毛苕子（非绿肥）	1.05	46	480.0		
	饲用燕麦	0.23	60	138.0		
	其他一年生饲草	1.90	38	730.0		9.0
西 藏		0.02	100	15.5	0.5	
	饲用燕麦	0.02	100	15.5	0.5	
甘 肃		10.82	75	8107.5	40.0	2238.0
	猫尾草	0.35	27	135.0	40.0	38.0
	披碱草	1.40	40	560.0		500.0
	饲用燕麦	2.90	211	6120.0		1620.0
	紫花苜蓿	6.17	21	1292.5		80.0
青 海		12.67	64	8142.7	86.0	1074.6
	披碱草	3.45	27	1011.8	77.0	857.0
	饲用燕麦	3.90	177	6887.0		
	早熟禾	2.51	6	156.6	6.0	137.6
	其他多年生饲草	2.81	3	87.3	3.0	80.0
新 疆		0.92	46	475.0	50.0	106.0
	冰草	0.10	20	20.0		20.0
	苏丹草	0.10	220	220.0		
	无芒雀麦	0.15	33	70.0	20.0	45.0
	紫花苜蓿	0.57	24	165.0	30.0	41.0

3-7　各地区牧区分种类饲草种子生产情况

单位：万亩、千克/亩、吨

地　区	饲草种类	种子田面积	平均产量	种子产量	草场采种量	种子销售量
合　计		17.74	36	6584.4	214.0	2004.6
内蒙古		3.89	9	412.7	60.0	345.0
	羊草	0.11	7	7.7		
	紫花苜蓿	3.78	9	355.0	10.0	345.0
	其他多年生饲草			50.0	50.0	
四　川		0.46	40	232.0	48.0	
	老芒麦	0.23	20	94.0	48.0	
	饲用燕麦	0.23	60	138.0		
甘　肃		1.60	52	832.0		500.0
	披碱草	1.40	40	560.0		500.0
	饲用燕麦	0.20	135	272.0		
青　海		11.17	41	4692.7	86.0	1074.6
	披碱草	3.45	27	1011.8	77.0	857.0
	饲用燕麦	2.40	143	3437.0		
	早熟禾	2.51	6	156.6	6.0	137.6
	其他多年生饲草	2.81	3	87.3	3.0	80.0
新　疆		0.62	64	415.0	20.0	85.0
	冰草	0.10	20	20.0		20.0
	苏丹草	0.10	220	220.0		
	无芒雀麦	0.15	33	70.0	20.0	45.0
	紫花苜蓿	0.27	39	105.0		20.0

3-8　各地区半牧区分种类饲草种子生产情况

单位：万亩、千克/亩、吨

地　区	饲草种类	种子田面积	平均产量	种子产量	草场采种量	种子销售量
合　计		20.21	65	13187.0	108.5	1884.0
内蒙古		5.15	19	980.0		65.0
	羊草	4.20	20	840.0		
	紫花苜蓿	0.95	15	140.0		65.0
吉　林		1.08	15	196.0	38.0	51.0
	羊草	1.00	12	158.0	38.0	51.0
	紫花苜蓿	0.08	50	38.0		
四　川		2.95	41	1210.0		9.0
	毛苕子（非绿肥）	1.05	46	480.0		
	其他一年生饲草	1.90	38	730.0		9.0
西　藏		0.02	100	15.5	0.5	
	饲用燕麦	0.02	100	15.5	0.5	
甘　肃		9.22	78	7275.5	40.0	1738.0
	猫尾草	0.35	27	135.0	40.0	38.0
	饲用燕麦	2.70	217	5848.0		1620.0
	紫花苜蓿	6.17	21	1292.5		80.0
青　海		1.50	230	3450.0		
	饲用燕麦	1.50	230	3450.0		
新　疆		0.30	10	60.0	30.0	21.0
	紫花苜蓿	0.30	10	60.0	30.0	21.0

3-9　全国分种类饲草营养繁殖体生产情况

单位：万亩、吨

区　域	饲草种类	饲草类型	种植面积	总产量	销售量
全　国			0.47	2701.6	176.6
		多年生合计	0.47	2032.1	176.6
	狼尾草		0.22	433.9	16.3
	牛鞭草		0.01	1.0	0.0
	其他多年生饲草		0.26	1598.2	160.3
		一年生合计		669.6	
	饲用块根块茎作物			669.6	

3-10　各地区分种类饲草营养繁殖体生产情况

单位：万亩、吨

地　区	饲草种类	种植面积	总产量	销售量
合　计		0.47	2701.6	176.6
安　徽		0.01	1.4	0.0
	牛鞭草	0.01	1.0	0.0
	狼尾草	0.00	0.4	
湖　南		0.12	646.4	166.3
	狼尾草	0.01	60.0	16.0
	其他多年生饲草	0.12	586.4	150.3
海　南		0.14	625.3	0.3
	狼尾草	0.09	13.5	0.3
	饲用块根块茎作物		600.0	
	其他多年生饲草	0.05	11.8	
四　川		0.12	360.0	
	狼尾草	0.12	360.0	
贵　州		0.09	1000.0	10.0
	其他多年生饲草	0.09	1000.0	10.0
陕　西			69.6	
	饲用块根块茎作物		69.6	

第四部分

饲草生产统计

一、饲草种植情况

4-1　全国及牧区半牧区饲草种植情况

指　　标	单位	全国	牧区半牧区	牧区	半牧区
人工种草 年末保留面积	万亩	11734.2	3900.1	1172.2	2727.9
人工种草 当年新增 面积　合计	万亩	**7488.6**	**2461.4**	**723.5**	**1737.9**
一年生	万亩	7065.1	2313.6	677.4	1636.2
多年生	万亩	423.5	147.8	46.1	101.7
当年耕地种草面积	万亩	4720.4	1317.6	399.6	918.0
收贮面积	万亩	5681.8	1839.3	374.1	1465.2
干草平均产量	千克/亩	842	678	632	698
干草总产量	万吨	9881.9	2644.3	741.2	1903.1
青贮量	万吨	12481.8	4101.5	951.8	3149.7

4-2　各地区饲

地　区	人工种草 年末保留面积	人工种草 当年新增面积	一年生	多年生
合　计	11734.23	7488.65	7065.10	423.54
天　津	24.31	23.86	23.86	
河　北	467.12	408.66	392.09	16.56
山　西	185.78	146.44	140.92	5.52
内蒙古	1995.31	1767.03	1722.29	44.74
辽　宁	92.50	79.20	66.52	12.68
吉　林	165.04	60.17	55.20	4.97
黑龙江	377.11	125.20	105.61	19.59
江　苏	41.11	40.58	40.27	0.31
安　徽	129.74	127.62	126.73	0.89
福　建	12.13	7.10	6.71	0.39
江　西	58.49	40.94	35.39	5.56
山　东	177.94	171.49	170.79	0.71
河　南	251.30	239.31	237.67	1.64
湖　北	272.71	171.21	165.94	5.27
湖　南	229.71	125.89	96.86	29.03
广　东	31.46	17.95	12.72	5.23
广　西	59.64	26.60	22.37	4.23
海　南	1.75	0.09	0.05	0.04
重　庆	46.31	30.06	27.14	2.92
四　川	830.56	496.93	468.45	28.48
贵　州	233.14	145.79	116.89	28.90
云　南	912.86	508.97	469.13	39.85
西　藏	67.49	44.07	40.93	3.14
陕　西	601.71	199.80	179.88	19.92
甘　肃	2175.69	893.76	805.23	88.54
青　海	255.79	206.71	199.15	7.56
宁　夏	625.27	354.96	346.41	8.56
新　疆	1294.65	969.39	939.15	30.24
新疆兵团	51.39	36.17	28.32	7.85
黑龙江农垦	65.97	22.70	22.44	0.26

草种植情况

单位：万亩、千克/亩、吨

干草平均产量	干草总产量	青贮量	当年耕地种草面积	收贮面积
842	98818537	124818056	4720.35	5681.81
763	185479	556010		24.31
799	3731994	9156307	365.68	361.98
821	1525614	1892962	54.64	81.34
830	16560239	38104270	1001.92	1479.87
704	650872	1487483	9.52	54.41
451	744433	1316925	18.00	31.55
335	1263951	2747528	102.13	103.43
1402	576236	659922	28.05	19.01
1693	2197096	1707672	105.72	91.57
1408	170745	12865	3.00	0.65
1371	802094	649825	33.99	40.50
846	1505023	4070616	161.39	152.12
849	2133214	5550835	152.26	335.78
1210	3300293	883667	123.64	9.31
1307	3003285	1532481	77.84	12.57
1234	388170	29889	7.00	0.59
1524	909117	511998	14.32	348.34
2565	44807			
966	447590	203162	27.42	4.43
874	7260933	853207	315.26	51.67
1371	3197378	1004067	104.81	223.96
841	7674158	3746608	423.00	131.28
359	242538	37491	5.26	5.60
687	4135211	2832770	130.72	117.63
685	14900428	12650629	640.66	721.28
626	1600039	1453964	126.68	62.04
747	4669615	7711394	276.74	213.51
1102	14270622	21935462	368.88	913.08
896	460221	810419	21.54	28.92
405	267139	707628	20.27	25.31

4-3 各地区牧区半

地　区	人工种草 年末保留面积	人工种草 当年新增面积	一年生	多年生
合　计	**3900.09**	**2461.40**	**2313.62**	**147.78**
河　北	117.88	99.06	94.56	4.50
山　西	2.68	2.00	2.00	
内蒙古	1476.67	1276.56	1236.82	39.73
辽　宁	51.97	39.11	26.43	12.68
吉　林	115.02	21.77	16.89	4.88
黑龙江	311.10	63.46	50.24	13.22
四　川	411.07	204.63	188.78	15.85
云　南	113.31	23.10	19.74	3.36
西　藏	43.73	27.94	27.03	0.90
甘　肃	498.32	248.19	215.05	33.14
青　海	166.51	124.45	118.12	6.32
宁　夏	162.28	92.50	88.35	4.15
新　疆	429.54	238.64	229.60	9.04

4-4 各地区牧区

地　区	人工种草 年末保留面积	人工种草 当年新增面积	一年生	多年生
合　计	**1172.17**	**723.50**	**677.44**	**46.06**
内蒙古	457.56	352.53	322.04	30.49
黑龙江	18.27	5.00	5.00	
四　川	206.52	80.30	77.30	3.00
西　藏	13.89	10.06	9.87	0.19
甘　肃	57.01	43.07	43.05	0.02
青　海	144.45	104.64	98.31	6.32
宁　夏	34.54	26.29	25.91	0.38
新　疆	239.93	101.62	95.96	5.66

牧区饲草种植情况

单位：万亩、千克/亩、吨

干草平均产量	干草总产量	青贮量	当年耕地种草面积	收贮面积
678	**26442654**	**41015080**	**1317.60**	**1839.34**
574	677242	1661502	70.64	68.69
330	8856		2.00	
825	12180728	29503178	595.47	1185.80
545	283258	524244	2.58	20.31
254	292212	401528	7.07	7.62
258	801526	1281564	45.75	49.54
572	2353048	110147	150.41	24.80
690	781846		14.64	
253	110795		1.84	4.19
674	3356381	1068476	174.92	209.79
498	829682	488094	45.00	24.77
591	959785	848140	59.35	35.38
886	3807297	5128207	147.93	208.44

饲草种植情况

单位：万亩、千克/亩、吨

干草平均产量	干草总产量	青贮量	当年耕地种草面积	收贮面积
632	**7411496.8**	**9518319**	**399.57**	**374.12**
721	3297573	6540065	200.58	250.39
405	73905	112189	5.00	5.00
468	966522	5050	53.22	0.31
184	25586		0.11	
671	382349	78120	31.22	3.14
455	656837	264089	29.62	15.11
536	185261	207840	26.28	8.04
760	1823464	2310966	53.54	92.13

4-5　各地区半牧区

地　区	人工种草年末保留面积	人工种草当年新增面积		
			一年生	多年生
合　计	**2727.92**	**1737.90**	**1636.18**	**101.71**
河　北	117.88	99.06	94.56	4.50
山　西	2.68	2.00	2.00	
内蒙古	1019.11	924.03	914.79	9.25
辽　宁	51.97	39.11	26.43	12.68
吉　林	115.02	21.77	16.89	4.88
黑龙江	292.83	58.46	45.24	13.22
四　川	204.55	124.33	111.48	12.85
云　南	113.31	23.10	19.74	3.36
西　藏	29.83	17.87	17.16	0.71
甘　肃	441.31	205.12	172.00	33.12
青　海	22.06	19.81	19.81	
宁　夏	127.75	66.21	62.45	3.77
新　疆	189.61	137.02	133.64	3.38

饲草种植情况

单位：万亩、千克/亩、吨

干草平均产量	干草总产量	青贮量	当年耕地种草面积	收贮面积
698	19031157	31496761	918.04	1465.22
574	677242	1661502	70.64	68.69
330	8856		2.00	
872	8883156	22963113	394.90	935.42
545	283258	524244	2.58	20.31
254	292212	401528	7.07	7.62
248	727621	1169375	40.75	44.54
678	1386525	105097	97.19	24.49
690	781846		14.64	
286	85209		1.73	4.19
674	2974032	990356	143.70	206.65
783	172845	224005	15.37	9.66
606	774524	640300	33.08	27.34
1046	1983833	2817241	94.39	116.31

二、多年生饲草

4-6 2018—2022 年全国分种类

饲草种类	2018 年		2019 年	
	年末保留面积	当年种植面积	年末保留面积	当年种植面积
合　计	**9560.0**	**1194.2**	**7365.7**	**974.2**
白三叶	116.4	22.7	100.7	21.7
臂形草	11.6	2.0	6.3	0.0
冰草	47.5	6.8	115.1	15.5
多年生黑麦草	602.6	94.6	468.8	68.7
狗尾草（多年生）	60.6	6.0	38.4	3.9
红豆草	147.6	33.7	138.0	18.2
红三叶	43.1	6.3	20.0	0.6
碱茅	22.7	1.5	15.9	1.0
菊苣	48.3	4.7	35.3	3.6
聚合草	1.3	0.1	0.5	0.1
狼尾草（多年生）	218.8	36.0	150.2	46.4
老芒麦	279.7	11.9	212.0	4.1
猫尾草	10.0	2.3	11.0	7.1
牛鞭草	26.0	3.0	19.0	1.0
披碱草	1246.9	130.6	808.5	125.9
雀稗	7.5	0.8	7.4	0.6
沙打旺				
苇状羊茅	4.9	3.6	4.6	0.4
无芒雀麦	4.6	0.4	6.7	0.7
鸭茅	163.9	12.2	138.5	14.3
羊草	126.3	22.7	165.0	8.0
羊柴	72.5	2.0	5.0	
早熟禾	25.4	2.8	0.1	
柱花草	2.0	0.1	3.5	2.3
紫花苜蓿	4616.5	548.5	3477.7	433.5
其他多年生饲草	1654.1	239.0	1418.0	196.7

生产情况

多年生饲草面积情况

单位：万亩

2020 年		2021 年		2022 年	
年末保留面积	当年种植面积	年末保留面积	当年种植面积	年末保留面积	当年种植面积
7378.2	**806.7**	**5310.0**	**527.9**	**4669.1**	**423.5**
100.2	24.3	103.4	14.3	113.3	12.3
30.2	0.8	8.1	0.4	8.6	0.4
124.0	2.5	18.7	4.6	17.3	0.2
438.5	63.7	436.6	51.4	365.7	40.3
52.9	11.1	47.1	11.7	35.0	4.6
125.9	19.8	129.8	9.1	111.8	7.6
16.8	0.5	19.7	0.4	14.4	0.3
14.9		14.9	0.0	11.1	0.0
28.9	3.7	25.6	2.8	12.1	1.5
0.5	0.1	0.5	0.0	0.8	0.2
138.6	29.0	142.2	28.7	211.5	47.8
128.2	2.6	146.6	4.8	92.5	5.9
10.4		11.0	2.0	10.9	0.7
9.4	0.2	7.7	0.2	6.7	0.2
872.6	96.9	317.5	31.5	196.8	17.6
5.5	0.5	3.8	0.2	3.4	0.2
		67.7	1.5	65.8	13.2
4.3	1.5	3.1	0.9	2.8	0.4
6.6	0.1	1.1		1.2	
129.9	4.6	115.6	5.3	113.8	4.5
280.0	13.1	354.0	21.9	370.3	23.4
0.0	0.0	0.0			
76.0		8.0	1.5	8.2	0.5
3.4	0.9	2.9	0.8	2.7	1.3
3310.0	393.6	3068.9	293.2	2715.0	219.4
1470.8	137.5	255.7	40.9	177.7	21.2

4-7　全国及牧区半牧区分种类多年生饲草生产情况

单位：万亩、千克/亩、吨

区　域	饲草种类	年末保留面积	当年新增面积	干草平均产量	干草总产量	青贮量	收贮面积
全　国		**4669.13**	**423.54**	**623**	**29101562**	**3515333**	**978.95**
	白三叶	113.31	12.29	743	842306	5935	0.24
	臂形草	8.57	0.37	1186	101586	10996	0.03
	冰草	17.33	0.18	291	50418		
	多年生黑麦草	365.72	40.31	932	3407393	445861	15.26
	狗尾草	35.03	4.63	959	335778	58082	1.17
	红豆草	111.82	7.61	551	616176	2000	3.50
	红三叶	14.43	0.28	618	89185	721	0.03
	碱茅	11.05	0.00	72	7960		
	菊苣	12.06	1.52	865	104301	14649	0.40
	聚合草	0.78	0.15	1067	8343		
	狼尾草	211.52	47.77	1717	3630950	1135018	299.17
	老芒麦	92.51	5.94	305	282360	1805	3.46
	猫尾草	10.85	0.71	626	67960		
	牛鞭草	6.73	0.20	1349	90866	111	
	披碱草	196.77	17.63	325	639575	950	4.60
	雀稗	3.35	0.23	940	31427		
	沙打旺	65.80	13.15	472	310346	950	5.00
	苇状羊茅	2.79	0.35	713	19916	30	0.00
	无芒雀麦	1.19		127	1508		
	鸭茅	113.79	4.46	500	568558	10861	0.05
	羊草	370.27	23.39	124	457811	10897	0.35
	早熟禾	8.15	0.54	148	12078		
	柱花草	2.65	1.32	1063	28133		
	紫花苜蓿	2714.96	219.39	569	15423763	1106203	527.36

4-7　全国及牧区半牧区分种类多年生饲草生产情况（续）

单位：万亩、千克/亩、吨

区　域	饲草种类	年末保留面积	当年新增面积	干草平均产量	干草总产量	青贮量	收贮面积
牧区半牧区	其他多年生饲草	177.69	21.15	1110	1972865	710264	118.34
		1586.46	**147.78**	**418**	**6627309**	**133844**	**308.71**
	白三叶	10.07	3.25	640	64449		0.20
	冰草	6.22		311	19343		
	多年生黑麦草	45.54	5.01	770	350551	647	0.60
	红豆草	4.49	0.78	984	44190	2000	3.50
	红三叶	0.10		800	800		
	碱茅	11.00		70	7700		
	菊苣	0.11	0.01	928	1021	600	0.05
	狼尾草	0.84	0.02	980	8232		
	老芒麦	85.61	1.94	318	272010	1805	3.46
	猫尾草	10.50	0.70	609	63900		
	披碱草	180.72	13.33	327	591720	950	4.60
	沙打旺	25.09	12.50	380	95323		
	无芒雀麦	1.15		127	1460		
	鸭茅	4.62	2.25	864	39930		
	羊草	311.33	17.58	128	397615	10897	0.35
	早熟禾	5.45	0.04	117	6373		
	紫花苜蓿	804.22	87.00	522	4197643	112915	295.95
	其他多年生饲草	79.42	3.37	586	465049	4030	0.00
半牧区		**1091.73**	**101.71**	**396**	**4325422**	**80837**	**295.70**
	白三叶	7.13	2.95	638	45489		0.20
	多年生黑麦草	42.04	5.01	774	325551	647	0.60
	红豆草	4.44	0.78	992	44040	2000	3.50

4-7 全国及牧区半牧区分种类多年生饲草生产情况（续）

单位：万亩、千克/亩、吨

区　域	饲草种类	年末保留面积	当年新增面积	干草平均产量	干草总产量	青贮量	收贮面积
	红三叶	0.10		800	800	·	
	碱茅	11.00		70	7700		
	菊苣	0.11	0.01	928	1021	600	0.05
	狼尾草	0.84	0.02	980	8232		
	老芒麦	28.92	1.24	293	84686	1200	3.46
	猫尾草	10.50	0.70	609	63900		
	披碱草	54.08	5.63	249	134811	950	3.40
	沙打旺	25.09	12.50	380	95323		
	鸭茅	4.62	2.25	864	39930		
	羊草	306.25	17.58	127	390159	10897	0.35
	紫花苜蓿	522.60	50.17	503	2629209	60513	284.14
	其他多年生饲草	74.02	2.87	614	454573	4030	0.00
牧区		**494.73**	**46.06**	**465**	**2301887**	**53007**	**13.01**
	白三叶	2.94	0.30	645	18960		
	冰草	6.22		311	19343		
	多年生黑麦草	3.50		714	25000		
	红豆草	0.05		300	150		
	老芒麦	56.68	0.70	330	187325	605	
	披碱草	126.64	7.70	361	456909		1.20
	无芒雀麦	1.15		127	1460		
	羊草	5.08		147	7456		
	早熟禾	5.45	0.04	117	6373		
	紫花苜蓿	281.62	36.83	557	1568434	52402	11.81
	其他多年生饲草	5.40	0.50	194	10477		

4-8　各地区分种类多年生饲草生产情况

单位：万亩、千克/亩、吨

地　区	饲草种类	年末保留面积	当年新增面积	干草平均产量	干草总产量	青贮量	收贮面积
合　计		4669.13	423.54	623	29101562	3515333	978.95
天　津		0.45		788	3545	9490	0.45
	紫花苜蓿	0.45		788	3545	9490	0.45
河　北		75.03	16.56	478	358613	197228	16.07
	冰草	2.90		150	4350		
	老芒麦	10.36	5.00	183	19000	1200	3.46
	披碱草	22.90	7.50	170	38890	950	3.40
	紫花苜蓿	38.87	4.06	762	296373	195078	9.21
山　西		44.86	5.52	699	313490	21611	7.05
	紫花苜蓿	41.16	5.32	717	295022	21611	4.75
	其他多年生饲草	3.70	0.20	499	18468		2.30
内蒙古		273.02	44.74	543	1481892	79908	223.96
	冰草	1.62		115	1863		
	羊草	5.18	0.05	24	1266		
	紫花苜蓿	265.35	44.69	557	1477733	79908	223.96
	其他多年生饲草	0.88		117	1030		
辽　宁		25.98	12.68	386	100319		0.18
	沙打旺	25.09	12.50	380	95323		
	紫花苜蓿	0.89	0.18	558	4956		0.18
	其他多年生饲草	0.00		1000	40		
吉　林		109.83	4.97	119	130943	10897	0.35
	多年生黑麦草	0.00		600	6		
	碱茅	11.00		70	7700		
	无芒雀麦	0.04		120	48		
	羊草	68.55	4.40	84	57634	10897	0.35

4-8 各地区分种类多年生饲草生产情况（续）

单位：万亩、千克/亩、吨

地　区	饲草种类	年末保留面积	当年新增面积	干草平均产量	干草总产量	青贮量	收贮面积
	紫花苜蓿	30.24	0.57	217	65555		
黑龙江		**271.51**	**19.59**	**151**	**409309**	**500**	
	狗尾草	0.30		300	900		
	披碱草	1.60		300	4806		
	羊草	255.63	18.94	139	354515		
	紫花苜蓿	13.97	0.65	351	49089	500	
江　苏		**0.84**	**0.31**	**917**	**7722**	**15**	
	白三叶	0.27		500	1350		
	多年生黑麦草	0.40	0.30	1103	4424	10	
	菊苣	0.02	0.00	1408	253		
	狼尾草	0.00		2000	60		
	紫花苜蓿	0.15	0.00	1090	1635	5	
安　徽		**3.01**	**0.89**	**758**	**22820**	**6021**	**0.39**
	白三叶	0.01		212	23	25	
	多年生黑麦草	1.80	0.67	847	15258	3172	0.19
	狗尾草	0.05	0.00	867	451	60	
	菊苣	0.91	0.19	574	5213	1500	0.16
	狼尾草	0.02	0.01	1360	286		
	牛鞭草	0.01	0.00	625	75	32	
	紫花苜蓿	0.18	0.00	792	1418	1232	0.04
	其他多年生饲草	0.03	0.02	382	96		
福　建		**5.42**	**0.39**	**1591**	**86274**	**5335**	**0.25**
	多年生黑麦草	0.89		1090	9700		
	狗尾草	0.67	0.10	839	5580	485	0.02
	狼尾草	2.36	0.27	2471	58373	4850	0.23

4-8 各地区分种类多年生饲草生产情况（续）

单位：万亩、千克/亩、吨

地 区	饲草种类	年末保留面积	当年新增面积	干草平均产量	干草总产量	青贮量	收贮面积
	猫尾草	0.33		1200	3960		
	雀稗	1.05	0.02	701	7362		
	紫花苜蓿	0.11		800	880		
	其他多年生饲草	0.01		3000	420		
江 西		**23.10**	**5.56**	**1939**	**447867**	**387851**	**17.34**
	白三叶	0.03		600	150		
	狗尾草	0.10		3000	3000		
	菊苣	0.16	0.01	460	736		0.16
	狼尾草	22.72	5.52	1951	443279	387851	17.10
	紫花苜蓿	0.09	0.03	780	702		0.08
山 东		**7.15**	**0.71**	**887**	**63480**	**34783**	**1.67**
	狼尾草	0.02	0.02	3000	450		
	猫尾草	0.02	0.01	500	100		
	羊草	0.20		460	920		
	紫花苜蓿	6.90	0.68	894	61710	33783	1.65
	其他多年生饲草	0.02		1500	300	1000	0.02
河 南		**13.63**	**1.64**	**888**	**121021**	**214377**	**9.26**
	白三叶	0.58		435	2523		
	多年生黑麦草	0.86	0.30	781	6677	3780	0.17
	红三叶	0.16		500	800	600	
	狼尾草	0.02	0.02	1940	466	223	0.02
	沙打旺	0.16		530	848	750	
	紫花苜蓿	9.08	1.09	882	80144	191321	7.82
	其他多年生饲草	2.77	0.24	1068	29564	17703	1.24
湖 北		**106.77**	**5.27**	**1047**	**1117562**	**159612**	**0.56**

4-8 各地区分种类多年生饲草生产情况（续）

单位：万亩、千克/亩、吨

地 区	饲草种类	年末保留面积	当年新增面积	干草平均产量	干草总产量	青贮量	收贮面积
	白三叶	21.22	0.90	1088	230807	3501	
	多年生黑麦草	63.83	2.54	1063	678573	125819	0.31
	狗尾草	0.68	0.11	1156	7805	3040	0.10
	红三叶	8.01	0.01	696	55696	1	
	菊苣	0.04		1231	492		
	聚合草	0.25	0.10	1800	4500		
	狼尾草	0.44		1000	4400		
	牛鞭草	0.01	0.01	1985	119	1	
	鸭茅	3.82	0.02	887	33887	1	
	紫花苜蓿	7.16	0.95	1059	75737	16138	0.15
	其他多年生饲草	1.32	0.64	1934	25546	11111	
湖 南		**132.85**	**29.03**	**1168**	**1551686**	**337047**	**44.34**
	白三叶	3.55	2.91	2036	72300	890	
	多年生黑麦草	71.38	7.42	984	702393	276830	6.99
	狗尾草	2.10	0.13	1466	30784	21	
	红豆草	1.20	1.20	2850	34200		
	碱茅	0.05		500	260		
	菊苣	0.41		860	3559		
	狼尾草	27.51	10.10	929	255564	29748	35.92
	牛鞭草	3.38	0.10	1584	53530	8	
	鸭茅	1.24	0.02	1030	12768		
	紫花苜蓿	15.24	4.75	1576	240021	5400	0.71
	其他多年生饲草	6.79	2.40	2155	146306	24150	0.72
广 东		**18.75**	**5.23**	**1386**	**259800**	**25759**	**0.38**
	多年生黑麦草	0.18		1089	1992		

4-8　各地区分种类多年生饲草生产情况（续）

单位：万亩、千克/亩、吨

地　区	饲草种类	年末保留面积	当年新增面积	干草平均产量	干草总产量	青贮量	收贮面积
	狗尾草	2.19	1.85	950	20805		
	狼尾草	14.09	2.21	1527	215065	25759	0.38
	柱花草	2.29	1.18	959	21938		
广　西		**37.27**	**4.23**	**1600**	**596234**	**320592**	**335.19**
	白三叶	2.01	0.03	1100	22110		
	多年生黑麦草	3.42	0.38	1222	41743	13476	1.64
	狗尾草	3.61	0.46	2032	73274	51044	0.84
	菊苣	1.82		852	15507	11756	
	狼尾草	22.90	2.53	1641	375914	149636	231.44
	柱花草	0.29	0.14	2000	5760		
	紫花苜蓿	0.49	0.01	1990	9830	22	
	其他多年生饲草	2.74	0.69	1904	52097	94658	101.26
海　南		**1.66**	**0.04**	**2574**	**43636**		
	多年生黑麦草	0.01		500	25		
	狗尾草	0.03		3000	870		
	狼尾草	0.17		1909	3150		
	柱花草	0.07		613	435		
	其他多年生饲草	1.43	0.03	2748	39156		
重　庆		**19.18**	**2.92**	**1059**	**203071**	**51596**	**1.61**
	白三叶	4.65	0.46	444	20620		
	多年生黑麦草	3.81	0.46	899	34223	2016	
	狗尾草	0.04	0.01	1140	467		
	红三叶	3.89	0.13	508	19782		
	菊苣	0.12	0.05	660	765		
	聚合草	0.11	0.00	790	885		

4-8 各地区分种类多年生饲草生产情况（续）

单位：万亩、千克/亩、吨

地 区	饲草种类	年末保留面积	当年新增面积	干草平均产量	干草总产量	青贮量	收贮面积
	狼尾草	5.13	1.41	2167	111259	47930	1.46
	牛鞭草	0.22	0.04	1645	3651		
	苇状羊茅	0.29	0.16	619	1802		
	鸭茅	0.01		1100	110		
	紫花苜蓿	0.69	0.06	833	5756		
	其他多年生饲草	0.21	0.15	1786	3750	1650	0.15
四 川		**362.10**	**28.48**	**777**	**2811834**	**208040**	**6.15**
	白三叶	19.39	4.34	678	131457	1515	0.21
	多年生黑麦草	86.12	10.03	986	849133	8824	2.73
	狗尾草	2.52		1018	25605		
	红豆草	0.05		300	150		
	红三叶	1.39	0.14	615	8537	120	
	菊苣	5.72	0.68	935	53492	663	0.05
	聚合草	0.30	0.04	730	2190		
	狼尾草	35.57	2.51	1970	700615	22552	0.37
	老芒麦	81.69	0.90	320	261775	605	
	牛鞭草	2.90	0.01	1056	30662	70	
	披碱草	90.75	4.00	364	330625		
	苇状羊茅	0.45	0.13	711	3193	30	
	鸭茅	5.13	2.41	835	42837	970	
	紫花苜蓿	16.67	1.47	896	149404	36031	0.32
	其他多年生饲草	13.46	1.80	1650	222159	136660	2.46
贵 州		**116.25**	**28.90**	**1441**	**1678715**	**246032**	**7.63**
	白三叶	21.63	2.05	876	189437	4	
	多年生黑麦草	32.30	11.32	1096	354180	2375	0.80

4-8　各地区分种类多年生饲草生产情况（续）

单位：万亩、千克/亩、吨

地　区	饲草种类	年末保留面积	当年新增面积	干草平均产量	干草总产量	青贮量	收贮面积
	狗尾草	2.13	0.31	2114	45036	32	
	红三叶	0.00		1000	20		
	菊苣	1.92	0.38	654	12542	30	
	狼尾草	26.05	8.21	2285	595019	169927	6.21
	牛鞭草	0.21	0.04	1347	2829		
	雀稗	0.25		1200	3000		
	苇状羊茅	0.61	0.01	1008	6151		
	鸭茅	2.40	0.20	1102	26453		
	紫花苜蓿	9.31	1.99	867	80711	390	0.26
	其他多年生饲草	19.71	4.41	1843	363337	73274	0.36
云　南		**443.73**	**39.85**	**808**	**3584754**	**678413**	**18.75**
	白三叶	35.07	1.59	437	153362		0.03
	臂形草	8.57	0.37	1186	101586	10996	0.03
	多年生黑麦草	92.52	5.67	730	675783	9273	2.03
	狗尾草	20.63	1.67	588	121202	3400	0.20
	红三叶	0.08		488	390		0.03
	菊苣	0.65	0.17	1476	9656	700	0.03
	狼尾草	54.53	14.97	1590	867053	296542	6.03
	雀稗	2.05	0.21	1030	21065		
	苇状羊茅	1.44	0.05	608	8771		
	鸭茅	101.18	1.82	447	452503	9890	0.05
	紫花苜蓿	13.73	3.30	922	126575	2554	0.61
	其他多年生饲草	113.28	10.03	924	1046808	345058	9.72
西　藏		**26.56**	**3.14**	**364**	**96597**	**936**	**0.15**
	老芒麦	0.45	0.04	350	1586		

4-8　各地区分种类多年生饲草生产情况（续）

单位：万亩、千克/亩、吨

地　区	饲草种类	年末保留面积	当年新增面积	干草平均产量	干草总产量	青贮量	收贮面积
陕　西	披碱草	15.76	0.62	250	39471		
	紫花苜蓿	10.35	2.48	537	55540	936	0.15
	421.82	**19.92**	**567**	**2390555**	**98952**	**25.40**	
	白三叶	1.03	0.00	447	4620		
	多年生黑麦草	1.06	0.23	644	6812	286	0.40
	红豆草	0.02		450	90		
	红三叶	0.40		480	1920		
	菊苣	0.23		679	1569		
	聚合草	0.12	0.01	640	768		
	沙打旺	35.25	0.65	570	200925	200	5.00
	羊草	0.03		255	64		
	紫花苜蓿	383.11	19.00	566	2168153	93466	19.91
	其他多年生饲草	0.58	0.03	978	5635	5000	0.10
甘　肃		**1370.46**	**88.54**	**553**	**7584102**	**259121**	**245.22**
	白三叶	3.87	0.01	350	13545		
	冰草	7.01	0.18	299	20965		
	多年生黑麦草	7.15	1.01	370	26470		
	红豆草	106.85	5.00	533	568985	2000	3.50
	红三叶	0.50		408	2040		
	菊苣	0.06	0.05	860	516		
	猫尾草	10.50	0.70	609	63900		
	披碱草	4.19		535	22433		
	沙打旺	5.30		250	13250		
	羊草	4.17		120	5004		
	早熟禾	2.70	0.50	211	5705		

4-8 各地区分种类多年生饲草生产情况（续）

单位：万亩、千克/亩、吨

地 区	饲草种类	年末保留面积	当年新增面积	干草平均产量	干草总产量	青贮量	收贮面积
	紫花苜蓿	1211.39	81.09	564	6828163	257121	241.72
	其他多年生饲草	6.77		194	13126		
青 海		**56.64**	**7.56**	**279**	**158151**	**15510**	**2.11**
	披碱草	32.01	5.23	220	70330		1.20
	早熟禾	5.45	0.04	117	6373		
	紫花苜蓿	15.17	1.79	504	76501	15510	0.91
	其他多年生饲草	4.02	0.50	123	4947		
宁 夏		**278.86**	**8.56**	**440**	**1225896**	**55586**	**2.98**
	紫花苜蓿	278.86	8.56	440	1225896	55586	2.98
新 疆		**355.50**	**30.24**	**580**	**2062305**	**16060**	**2.60**
	冰草	4.60		380	17480		
	红豆草	3.19	0.90	313	9991		
	披碱草	29.56	0.27	450	133020		
	无芒雀麦	1.15		127	1460		
	紫花苜蓿	317.00	29.07	599	1900354	16060	2.60
新疆兵团		**23.07**	**7.85**	**552**	**127429**	**51069**	**6.79**
	冰草	1.20		480	5760		
	红豆草	0.51	0.51	541	2759		
	紫花苜蓿	21.35	7.33	557	118829	51069	6.79
	其他多年生饲草	0.01	0.01	900	81		
黑龙江农垦		**43.53**	**0.26**	**142**	**61942**	**22992**	**2.11**
	羊草	36.52		105	38408		
	紫花苜蓿	7.01	0.26	336	23534	22992	2.11

4-9 各地区紫花苜蓿生产情况

单位：万亩、千克/亩、吨

地 区	年末保留面积	当年新增面积	干草平均产量	干草总产量	青贮量	收贮面积
合 计	2714.96	219.39	568	15423763	1106203	527.36
天 津	0.45		788	3545	9490	0.45
河 北	38.87	4.06	762	296373	195078	9.21
山 西	41.16	5.32	717	295022	21611	4.75
内蒙古	265.35	44.69	557	1477733	79908	223.96
辽 宁	0.89	0.18	558	4956		0.18
吉 林	30.24	0.57	217	65555		
黑龙江	13.97	0.65	351	49089	500	
江 苏	0.15	0.00	1090	1635	5	
安 徽	0.18	0.00	792	1418	1232	0.04
福 建	0.11		800	880		
江 西	0.09	0.03	780	702		0.08
山 东	6.90	0.68	894	61710	33783	1.65
河 南	9.08	1.09	882	80144	191321	7.82
湖 北	7.16	0.95	1059	75737	16138	0.15
湖 南	15.24	4.75	1576	240021	5400	0.71
广 西	0.49	0.01	1990	9830	22	0.00
重 庆	0.69	0.06	833	5756		
四 川	16.67	1.47	896	149404	36031	0.32
贵 州	9.31	1.99	867	80711	390	0.26
云 南	13.73	3.30	922	126575	2554	0.61
西 藏	10.35	2.48	537	55540	936	0.15
陕 西	383.11	19.00	566	2168153	93466	19.91
甘 肃	1211.39	81.09	564	6828163	257121	241.72
青 海	15.17	1.79	504	76501	15510	0.91

4-9　各地区紫花苜蓿生产情况（续）

单位：万亩、千克/亩、吨

地　区	年末保留面积	当年新增面积	干草平均产量	干草总产量	青贮量	收贮面积
宁　夏	278.86	8.56	440	1225896	55586	2.98
新　疆	317.00	29.07	599	1900354	16060	2.60
新疆兵团	21.35	7.33	557	118829	51069	6.79
黑龙江农垦	7.01	0.26	336	23534	22992	2.11

4-10　各地区多年生黑麦草生产情况

单位：万亩、千克/亩、吨

地　区	年末保留面积	当年新增面积	干草平均产量	干草总产量	青贮量	收贮面积
合　计	**365.72**	**40.31**	**932**	**3407393**	**445861**	**15.26**
吉　林	0.00		600	6		
江　苏	0.40	0.30	1103	4424	10	
安　徽	1.80	0.67	847	15258	3172	0.19
福　建	0.89		1090	9700		
河　南	0.86	0.30	781	6677	3780	0.17
湖　北	63.83	2.54	1063	678573	125819	0.31
湖　南	71.38	7.42	984	702393	276830	6.99
广　东	0.18		1089	1992		
广　西	3.42	0.38	1222	41743	13476	1.64
海　南	0.01		500	25		
重　庆	3.81	0.46	899	34223	2016	
四　川	86.12	10.03	986	849133	8824	2.73
贵　州	32.30	11.32	1096	354180	2375	0.80
云　南	92.52	5.67	730	675783	9273	2.03
陕　西	1.06	0.23	644	6812	286	0.40
甘　肃	7.15	1.01	370	26470		

4-11　各地区披碱草生产情况

单位：万亩、千克/亩、吨

地　区	年末保留面积	当年新增面积	干草平均产量	干草总产量	青贮量	收贮面积
合　计	**196.77**	**17.63**	**325**	**639575**	950	**4.60**
河　北	22.90	7.50	170	38890	950	3.40
黑龙江	1.60		300	4806		
四　川	90.75	4.00	364	330625		
西　藏	15.76	0.62	250	39471		
甘　肃	4.19		535	22433		
青　海	32.01	5.23	220	70330		1.20
新　疆	29.56	0.27	450	133020		

4-12　各地区狼尾草生产情况

单位：万亩、千克/亩、吨

地　区	年末保留面积	当年新增面积	干草平均产量	干草总产量	青贮量	收贮面积
合　计	**211.52**	**47.77**	**1717**	**3630951**	1135018	**299.17**
江　苏	0.00		2000	60		
安　徽	0.02	0.01	1360	286		
福　建	2.36	0.27	2471	58373	4850	0.23
江　西	22.72	5.52	1951	443279	387851	17.10
山　东	0.02	0.02	3000	450		
河　南	0.02	0.02	1940	466	223	0.02
湖　北	0.44		1000	4400		
湖　南	27.51	10.10	929	255564	29748	35.92
广　东	14.09	2.21	1527	215065	25759	0.38

4-12　各地区狼尾草生产情况（续）

单位：万亩、千克/亩、吨

地　区	年末保留面积	当年新增面积	干草平均产量	干草总产量	青贮量	收贮面积
广　西	22.90	2.53	1641	375913	149636	231.44
海　南	0.17	0.00	1909	3150		
重　庆	5.13	1.41	2167	111259	47930	1.46
四　川	35.57	2.51	1970	700615	22552	0.37
贵　州	26.05	8.21	2284	595019	169927	6.21
云　南	54.53	14.97	1590	867053	296542	6.03

4-13　各地区牧区半牧区分种类多年生饲草生产情况

单位：万亩、千克/亩、吨

地　区	饲草种类	年末保留面积	当年新增面积	干草平均产量	干草总产量	青贮量	收贮面积
合　计		1586.46	147.78	418	6627309	133844	308.71
河　北		23.32	4.50	227	52880	8150	7.41
	老芒麦	3.46	1.00	250	8650	1200	3.46
	披碱草	15.90	3.50	179	28390	950	3.40
	紫花苜蓿	3.96		400	15840	6000	0.55
山　西		0.68		567	3856		
	紫花苜蓿	0.68		567	3856		
内蒙古		239.85	39.73	551	1322610	78295	205.94
	冰草	1.62		115	1863		
	羊草	5.17	0.05	24	1241		
	紫花苜蓿	232.18	39.68	568	1318477	78295	205.94
	其他多年生饲草	0.88		117	1030		

4-13   各地区牧区半牧区分种类多年生饲草生产情况（续）

单位：万亩、千克/亩、吨

地 区	饲草种类	年末保留面积	当年新增面积	干草平均产量	干草总产量	青贮量	收贮面积
辽 宁		**25.54**	**12.68**	**388**	**99013**		
	沙打旺	25.09	12.50	380	95323		
	紫花苜蓿	0.45	0.18	820	3690		
吉 林		**98.13**	**4.88**	**118**	**115486**	**10897**	**0.35**
	碱茅	11.00		70	7700		
	羊草	58.25	4.31	85	49799	10897	0.35
	紫花苜蓿	28.88	0.57	201	57987		
黑龙江		**260.87**	**13.22**	**149**	**389961**		
	披碱草	1.60		300	4806		
	羊草	247.91	13.22	140	346575		
	紫花苜蓿	11.35		340	38580		
四 川		**222.29**	**15.85**	**439**	**975380**	**7682**	**1.15**
	白三叶	10.02	3.22	642	64290		0.20
	多年生黑麦草	28.38	4.59	734	208162	647	0.60
	红豆草	0.05		300	150		
	菊苣	0.05		700	350	600	0.05
	狼尾草	0.84	0.02	980	8232		
	老芒麦	81.69	0.90	320	261775	605	
	披碱草	90.75	4.00	364	330625		
	鸭茅	2.20	2.20	580	12760		
	紫花苜蓿	5.09	0.44	1134	57674	1800	0.30
	其他多年生饲草	3.23	0.47	971	31363	4030	0.00
云 南		**93.58**	**3.36**	**660**	**617999**		
	白三叶	0.05	0.03	318	159		
	多年生黑麦草	17.16	0.42	830	142389		
	菊苣	0.06	0.01	1118	671		

4-13　各地区牧区半牧区分种类多年生饲草生产情况（续）

单位：万亩、千克/亩、吨

地　区	饲草种类	年末保留面积	当年新增面积	干草平均产量	干草总产量	青贮量	收贮面积
	鸭茅	2.42	0.05	1123	27170		
	紫花苜蓿	2.60	0.45	765	19900		
	其他多年生饲草	71.29	2.40	600	427710		
西　藏		**16.69**	**0.90**	**248**	**41405**		
	老芒麦	0.45	0.04	350	1586		
	披碱草	13.60	0.32	218	29690		
	紫花苜蓿	2.65	0.54	383	10130		
甘　肃		**283.27**	**33.14**	**570**	**1614536**	**12000**	**90.06**
	红豆草	3.80	0.50	1100	41800	2000	3.50
	红三叶	0.10		800	800		
	猫尾草	10.50	0.70	609	63900		
	披碱草	1.40		365	5110		
	紫花苜蓿	267.47	31.94	562	1502926	10000	86.56
青　海		**48.39**	**6.32**	**252**	**121904**	**10000**	**1.97**
	披碱草	27.91	5.23	215	60080		1.20
	早熟禾	5.45	0.04	117	6373		
	紫花苜蓿	11.01	0.55	459	50504	10000	0.77
	其他多年生饲草	4.02	0.50	123	4947		
宁　夏		**73.93**	**4.15**	**314**	**231928**		**0.63**
	紫花苜蓿	73.93	4.15	314	231928		0.63
新　疆		**199.94**	**9.04**	**520**	**1040352**	**6820**	**1.20**
	冰草	4.60		380	17480		
	红豆草	0.64	0.28	350	2240		
	披碱草	29.56	0.27	450	133020		
	无芒雀麦	1.15		127	1460		
	紫花苜蓿	163.99	8.49	540	886152	6820	1.20

4-14 各地区牧区分种类多年生饲草生产情况

单位：万亩、千克/亩、吨

地 区	饲草种类	年末保留面积	当年新增面积	干草平均产量	干草总产量	青贮量	收贮面积
合 计		**494.73**	**46.06**	**465**	**2301887**	**53007**	**13.01**
内蒙古		**135.52**	**30.49**	**607**	**822762**	**42402**	**10.83**
	冰草	1.62		115	1863		
	羊草	0.11		1	1		
	紫花苜蓿	132.91	30.49	617	819868	42402	10.83
	其他多年生饲草	0.88		117	1030		
黑龙江		**13.27**		**275**	**36505**		
	羊草	4.97		150	7455		
	紫花苜蓿	8.30		350	29050		
四 川		**129.22**	**3.00**	**382**	**494072**	**605**	
	白三叶	2.94	0.30	645	18960		
	多年生黑麦草	3.50		714	25000		
	红豆草	0.05		300	150		
	老芒麦	56.68	0.70	330	187325	605	
	披碱草	65.25	2.00	393	256138		
	紫花苜蓿	0.30		667	2000		
	其他多年生饲草	0.50		900	4500		

4-14 各地区牧区分种类多年生饲草生产情况（续）

单位：万亩、千克/亩、吨

地 区	饲草种类	年末保留面积	当年新增面积	干草平均产量	干草总产量	青贮量	收贮面积
西 藏		4.02	0.19	153	6162		
	披碱草	4.02	0.19	153	6162		
甘 肃		13.96	0.02	726	101389		
	披碱草	1.40	0.00	365	5110		
	紫花苜蓿	12.56	0.02	767	96279		
青 海		46.13	6.32	247	113958	10000	1.55
	披碱草	26.41	5.23	214	56480		1.20
	早熟禾	5.45	0.04	117	6373		
	紫花苜蓿	10.26	0.55	450	46158	10000	0.35
	其他多年生饲草	4.02	0.50	123	4947		
宁 夏		8.63	0.38	230	19849		0.63
	紫花苜蓿	8.63	0.38	230	19849		0.63
新 疆		143.97	5.66	491	707190		
	冰草	4.60		380	17480		
	披碱草	29.56	0.27	450	133020		
	无芒雀麦	1.15		127	1460		
	紫花苜蓿	108.66	5.39	511	555230		

4-15 各地区半牧区分种类多年生饲草生产情况

单位：万亩、千克/亩、吨

地 区	饲草种类	年末保留面积	当年新增面积	干草平均产量	干草总产量	青贮量	收贮面积
合 计		1091.73	101.71	396	4325422	80837	295.70
河 北		23.32	4.50	227	52880	8150	7.41
	老芒麦	3.46	1.00	250	8650	1200	3.46
	披碱草	15.90	3.50	179	28390	950	3.40
	紫花苜蓿	3.96		400	15840	6000	0.55
山 西		0.68		567	3856		
	紫花苜蓿	0.68		567	3856		
内蒙古		104.33	9.25	479	499849	35893	195.11
	羊草	5.06	0.05	25	1240		
	紫花苜蓿	99.27	9.20	502	498609	35893	195.11
辽 宁		25.54	12.68	388	99013		
	沙打旺	25.09	12.50	380	95323		
	紫花苜蓿	0.45	0.18	820	3690		
吉 林		98.13	4.88	118	115486	10897	0.35
	碱茅	11.00		70	7700		
	羊草	58.25	4.31	85	49799	10897	0.35
	紫花苜蓿	28.88	0.57	201	57987		
黑龙江		247.60	13.22	143	353456		
	披碱草	1.60		300	4806		
	羊草	242.94	13.22	140	339120		
	紫花苜蓿	3.05		312	9530		
四 川		93.07	12.85	517	481308	7077	1.15
	白三叶	7.08	2.92	640	45330		0.20
	多年生黑麦草	24.88	4.59	736	183162	647	0.60
	菊苣	0.05		700	350	600	0.05
	狼尾草	0.84	0.02	980	8232		
	老芒麦	25.01	0.20	298	74450		

4-15 各地区半牧区分种类多年生饲草生产情况（续）

单位：万亩、千克/亩、吨

地 区	饲草种类	年末保留面积	当年新增面积	干草平均产量	干草总产量	青贮量	收贮面积
	披碱草	25.50	2.00	292	74487		
	其他多年生饲草	2.73	0.47	984	26863	4030	0.00
	鸭茅	2.20	2.20	580	12760		
	紫花苜蓿	4.79	0.44	1164	55674	1800	0.30
云 南		**93.58**	**3.36**	**660**	**617999**		
	白三叶	0.05	0.03	318	159		
	多年生黑麦草	17.16	0.42	830	142389		
	菊苣	0.06	0.01	1118	671		
	鸭茅	2.42	0.05	1123	27170		
	紫花苜蓿	2.60	0.45	765	19900		
	其他多年生饲草	71.29	2.40	600	427710		0.00
西 藏		**12.67**	**0.71**	**278**	**35243**		
	老芒麦	0.45	0.04	350	1586		
	披碱草	9.58	0.13	246	23528		
	紫花苜蓿	2.65	0.54	383	10130		
甘 肃		**269.31**	**33.12**	**562**	**1513147**	**12000**	**90.06**
	红豆草	3.80	0.50	1100	41800	2000	3.50
	红三叶	0.10		800	800		
	猫尾草	10.50	0.70	609	63900		
	紫花苜蓿	254.91	31.92	552	1406647	10000	86.56
青 海		**2.25**		**353**	**7946**		**0.42**
	披碱草	1.50		240	3600		
	紫花苜蓿	0.75		579	4346		0.42
宁 夏		**65.30**	**3.77**	**325**	**212079**		
	紫花苜蓿	65.30	3.77	325	212079		
新 疆		**55.97**	**3.38**	**595**	**333162**	**6820**	**1.20**
	红豆草	0.64	0.28	350	2240		
	紫花苜蓿	55.33	3.10	598	330922	6820	1.20

三、一年生饲草生产情况

4-16 2018—2022年全国分种类一年生饲草种植情况

单位：万亩

饲草种类	2018 年	2019 年	2020 年	2021 年	2022 年
合　计	6819.10	6077.74	6043.28	6936.38	7065.10
稗	0.25	0.25	0.22		
草谷子	90.67	34.40	28.42	27.51	30.40
草木樨	31.60	37.22	12.25	2.17	1.76
多花黑麦草	392.60	396.33	392.17	404.22	371.47
箭筈豌豆	44.30	33.26	35.64	32.31	25.23
苦荬菜	3.54	0.96	0.85	1.17	1.79
毛苕子（非绿肥）	160.00	155.99	168.48	152.82	213.35
墨西哥类玉米	466.28	303.73	298.95	190.11	137.24
青莜麦	135.76	78.80	72.59		
青贮青饲高粱	133.30	116.04	96.24	85.73	83.72
青贮玉米	3871.80	3663.18	3630.08	4683.63	4947.76
饲用大麦	55.70	38.01	30.97	71.53	28.37
饲用甘蓝	2.20	2.71	0.20	0.20	0.48
饲用黑麦	27.01	21.39	21.87	14.43	19.37
饲用块根块茎作物	188.30	127.66	175.17	140.64	127.81
饲用青稞	13.60	11.77	9.99	6.69	9.45
饲用小黑麦	36.83	33.77	55.37	35.43	34.13
饲用燕麦	566.80	533.73	635.02	666.11	775.76
苏丹草	41.60	39.29	34.51	30.62	31.00
籽粒苋	7.61	7.47	6.95	6.91	6.47
紫云英（非绿肥）	42.60	30.79	21.19	33.52	25.35
其他一年生饲草	506.50	411.02	315.73	350.63	194.21

4-17　全国及牧区半牧区分种类一年生饲草生产情况

单位：万亩、千克/亩、吨

区　域	饲草种类	当年种草面积	干草平均产量	干草总产量	青贮量	收贮面积
全　国		**7065.10**	**987**	**69716975**	**121302723**	**4702.86**
	草谷子	30.40	427	129833	0	9.56
	草木樨	1.76	502	8813	14000	0.79
	多花黑麦草	371.47	1150	4272282	512025	234.56
	箭筈豌豆	25.23	348	87795	2604	0.84
	苦荬菜	1.79	976	17503	2170	0.50
	毛苕子（非绿肥）	213.35	663	1413464	4586	22.98
	墨西哥类玉米	137.24	901	1236677	77191	3.77
	青贮青饲高粱	83.72	1285	1075761	541428	30.09
	青贮玉米	4947.76	1094	54152895	118979248	4196.84
	饲用大麦	28.37	676	191797	93928	3.75
	饲用甘蓝	0.48	1521	7300	600	0.28
	饲用黑麦	19.37	863	167209	27349	1.93
	饲用块根块茎作物	127.81	831	1062451	150763	5.02
	饲用青稞	9.45	365	34473	5962	0.76
	饲用小黑麦	34.13	552	188540	29328	8.86
	饲用燕麦	775.76	536	4160834	711568	169.66
	苏丹草	31.00	1212	375788	57847	0.90
	籽粒苋	6.47	598	38694	580	0.12
	紫云英（非绿肥）	25.35	748	189649	13861	0.99
	其他一年生饲草	194.21	466	905218	77685	10.68
牧区半牧区		**2313.62**	**856**	**19815345**	**40881236**	**1530.63**
	草谷子	24.64	395	97198		9.56

4-17 全国及牧区半牧区分种类一年生饲草生产情况（续）

单位：万亩、千克/亩、吨

区　域	饲草种类	当年种草面积	干草平均产量	干草总产量	青贮量	收贮面积
	草木樨	0.93	551	5120	14000	0.70
	多花黑麦草	9.23	712	65694		
	箭筈豌豆	2.00	360	7200		
	毛苕子（非绿肥）	105.50	810	854972		19.50
	青贮青饲高粱	17.86	1442	257427	21800	12.19
	青贮玉米	1497.74	1016	15209566	40543870	1368.01
	饲用大麦	1.85	448	8270	10379	0.35
	饲用黑麦	3.50	471	16500		
	饲用块根块茎作物	34.36	546	187492		
	饲用青稞	6.94	339	23541		
	饲用小黑麦	6.49	415	26891	420	3.59
	饲用燕麦	487.02	524	2551297	289082	108.31
	苏丹草	6.39	539	34428		
	其他一年生饲草	109.19	430	469751	1685	8.43
牧　区		**677.44**	**754**	**5109610**	**9465312**	**361.11**
	草谷子	2.15	300	6450		
	多花黑麦草	7.03	650	45679		
	毛苕子（非绿肥）	24.10	620	149420		
	青贮玉米	333.41	986	3286386	9315443	308.24
	饲用大麦	0.23	600	1380		
	饲用块根块茎作物	4.11	650	26715		
	饲用青稞	4.08	171	6972		

4-17　全国及牧区半牧区分种类一年生饲草生产情况（续）

单位：万亩、千克/亩、吨

区　域	饲草种类	当年种草面积	干草平均产量	干草总产量	青贮量	收贮面积
	饲用小黑麦	2.90	717	20793	420	
	饲用燕麦	267.42	542	1448964	147949	50.44
	苏丹草	4.61	602	27726		
	其他一年生饲草	27.41	325	89126	1500	2.43
半牧区		**1636.18**	**899**	**14705735**	**31415924**	**1169.52**
	草谷子	22.49	404	90748		9.56
	草木樨	0.93	551	5120	14000	0.70
	多花黑麦草	2.20	910	20015		
	箭筈豌豆	2.00	360	7200		
	毛苕子（非绿肥）	81.40	867	705552		19.50
	青贮青饲高粱	17.86	1442	257427	21800	12.19
	青贮玉米	1164.33	1024	11923180	31228427	1059.77
	饲用大麦	1.62	426	6890	10379	0.35
	饲用黑麦	3.50	471	16500		
	饲用块根块茎作物	30.25	531	160777		
	饲用青稞	2.86	579	16569		
	饲用小黑麦	3.59	170	6098		3.59
	饲用燕麦	219.61	502	1102333	141133	57.87
	苏丹草	1.78	376	6702		
	其他一年生饲草	81.78	465	380625	185	6.00

4-18 各地区分种类一年生饲草生产情况

单位：万亩、千克/亩、吨

地 区	饲草种类	当年 种草面积	干草 平均产量	干草 总产量	青贮量	收贮面积
合 计		7065.10	987	69716975	121302723	4702.86
天 津		23.86	763	181934	546520	23.86
	青贮玉米	23.37	775	181185	544172	23.37
	饲用燕麦	0.49	152	749	2348	0.49
河 北		392.09	860	3373381	8959079	345.90
	草木樨	0.93	551	5120	14000	0.70
	墨西哥类玉米	0.45	1000	4500	2700	0.45
	青贮玉米	341.51	945	3226100	8868053	336.97
	饲用燕麦	44.34	268	118901	74141	6.78
	其他一年生饲草	4.87	385	18760	185	1.00
山 西		140.92	860	1212124	1871351	74.29
	草谷子	0.08	245	196		
	箭筈豌豆	0.53	268	1421		
	青贮青饲高粱	0.82	806	6642	5120	0.15
	青贮玉米	124.53	908	1130522	1824905	67.97
	饲用大麦	0.15	430	645	2250	0.15
	饲用黑麦	0.12	1000	1200	7200	0.12
	饲用小黑麦	3.02	649	19587	241	0.02
	饲用燕麦	7.47	313	23381	4635	3.68
	其他一年生饲草	4.20	679	28530	27000	2.20
内蒙古		1722.29	875	15078348	38024362	1255.91
	草谷子	4.67	255	11910		

4-18　各地区分种类一年生饲草生产情况（续）

单位：万亩、千克/亩、吨

地　区	饲草种类	当年种草面积	干草平均产量	干草总产量	青贮量	收贮面积
	墨西哥类玉米	109.78	784	860450		
	青贮玉米	1307.96	974	12736551	37857914	1174.64
	饲用黑麦	3.00	500	15000		
	饲用块根块茎作物	0.10	1000	1000		
	饲用燕麦	219.29	522	1144608	164948	73.84
	其他一年生饲草	77.49	399	308829	1500	7.43
辽　宁		**66.52**	**828**	**550553**	**1487483**	**54.23**
	青贮玉米	66.52	828	550553	1487483	54.23
吉　林		**55.20**	**1111**	**613491**	**1306028**	**31.20**
	草谷子	0.08	572	469		
	青贮玉米	54.16	1121	607246	1295149	30.85
	饲用大麦	0.35	490	1695	10379	0.35
	饲用块根块茎作物	0.30	980	2940		
	饲用燕麦	0.30	350	1050	500	
	其他一年生饲草	0.02	500	90		
黑龙江		**105.61**	**809**	**854642**	**2747028**	**103.43**
	苦荬菜	0.40	1007	3988		
	青贮玉米	105.21	809	850654	2747028	103.43
江　苏		**40.27**	**1412**	**568514**	**659907**	**19.01**
	多花黑麦草	1.43	1174	16748	1621	
	毛苕子（非绿肥）	0.12	800	960		
	墨西哥类玉米	0.00	1500	45	118	

4–18 各地区分种类一年生饲草生产情况（续）

单位：万亩、千克/亩、吨

地　区	饲草种类	当年种草面积	干草平均产量	干草总产量	青贮量	收贮面积
	青贮青饲高粱	0.21	2962	6160	5	0.20
	青贮玉米	34.34	1493	512865	585662	15.61
	饲用大麦	3.25	642	20870	72000	3.20
	饲用块根块茎作物	0.79	1202	9495		
	饲用燕麦	0.01	1000	50		
	苏丹草	0.02	1550	310	118	
	其他一年生饲草	0.10	1011	1011	383	
安　徽		**126.73**	**1716**	**2174277**	**1701651**	**91.18**
	草木樨	0.00	1000	30		
	多花黑麦草	4.49	694	31207	1211	0.13
	苦荬菜	0.54	987	5359		
	墨西哥类玉米	1.10	1824	19993	1657	0.01
	青贮青饲高粱	3.66	1684	61654	650	
	青贮玉米	113.31	1772	2008141	1696591	90.95
	饲用大麦	0.58	581	3389	9	
	饲用黑麦	0.08	1556	1307		
	饲用块根块茎作物	0.20	1200	2400		
	苏丹草	2.00	1819	36331	1533	0.09
	紫云英（非绿肥）	0.75	590	4446		
福　建		**6.71**	**1259**	**84471**	**7530**	**0.40**
	多花黑麦草	2.77	1540	42597		
	墨西哥类玉米	0.21	2106	4401	410	

4-18　各地区分种类一年生饲草生产情况（续）

单位：万亩、千克/亩、吨

地　区	饲草种类	当年种草面积	干草平均产量	干草总产量	青贮量	收贮面积
	青贮玉米	1.22	1886	23065	7120	0.40
	饲用黑麦	0.15	816	1257		
	饲用小黑麦	0.02	1000	180		
	紫云英（非绿肥）	1.68	558	9370		
	其他一年生饲草	0.66	545	3600		
江　西		**35.39**	**1001**	**354227**	**261974**	**23.15**
	多花黑麦草	23.25	1013	235552	152669	14.35
	苦荬菜	0.50	1000	5000	2150	0.50
	墨西哥类玉米	0.46	874	3975	2600	0.29
	青贮青饲高粱	1.39	880	12273	10747	1.25
	青贮玉米	5.90	1081	63776	91935	5.62
	饲用黑麦	0.01	1000	100		
	饲用块根块茎作物	1.04	1581	16438	250	0.09
	饲用燕麦	0.16	929	1458	1323	0.15
	苏丹草	0.25	960	2390		0.10
	籽粒苋	0.24	400	960		
	紫云英（非绿肥）	2.20	559	12305	300	0.82
山　东		**170.79**	**844**	**1441543**	**4035833**	**150.45**
	青贮青饲高粱	0.90	622	5588	10586	0.70
	青贮玉米	169.61	846	1434108	4024837	149.71
	饲用黑麦	0.01	1000	50		
	饲用燕麦	0.26	672	1728	250	0.03

4-18　各地区分种类一年生饲草生产情况（续）

单位：万亩、千克/亩、吨

地　区	饲草种类	当年种草面积	干草平均产量	干草总产量	青贮量	收贮面积
	苏丹草	0.02	380	68	160	0.01
河　南		**237.67**	**847**	**2012193**	**5336458**	**326.52**
	多花黑麦草	0.00	800	24		
	墨西哥类玉米	2.40	1050	25220	6796	
	青贮青饲高粱	0.56	900	5051	85	0.00
	青贮玉米	227.45	848	1927917	5287043	323.31
	饲用黑麦	1.45	765	11116	8000	1.35
	饲用小黑麦	0.03	1200	300		
	饲用燕麦	1.66	608	10099	25149	1.66
	苏丹草	0.22	1500	3300	9366	0.20
	紫云英（非绿肥）	3.90	749	29166	19	0.00
湖　北		**165.94**	**1315**	**2182731**	**724055**	**8.75**
	多花黑麦草	50.41	1350	680761	41289	
	毛苕子（非绿肥）	0.01	760	53	1	
	墨西哥类玉米	3.22	2399	77162	19246	
	青贮青饲高粱	4.09	1825	74650	85300	0.60
	青贮玉米	36.76	2058	756468	532716	7.77
	饲用大麦	1.18	1126	13291	4000	
	饲用甘蓝	0.28	2000	5600	600	0.28
	饲用黑麦	2.01	1402	28181	3465	
	饲用块根块茎作物	11.06	1991	220200	1000	0.10
	饲用小黑麦	0.03	1481	459	793	

4-18　各地区分种类一年生饲草生产情况（续）

单位：万亩、千克/亩、吨

地　区	饲草种类	当年种草面积	干草平均产量	干草总产量	青贮量	收贮面积
湖　南	饲用燕麦	0.36	600	2160	2100	
	苏丹草	6.83	1824	124638	33542	
	紫云英（非绿肥）	0.77	415	3211	2	0.00
	其他一年生饲草	48.93	400	195896	1	
		96.86	**1499**	**1451600**	**1195434**	**4.02**
	多花黑麦草	22.47	1681	377878	15111	1.19
	箭筈豌豆	0.33	120	396		
	苦荬菜	0.04	940	329		
	墨西哥类玉米	5.52	1691	93289	13714	0.42
	青贮青饲高粱	1.45	989	14367	3323	0.20
	青贮玉米	40.49	1635	661825	1137554	1.49
	饲用黑麦	0.73	1495	10840	3000	0.15
	饲用块根块茎作物	3.57	1158	41358	1200	0.05
	饲用小黑麦	0.91	1541	14020	300	0.00
	饲用燕麦	0.18	522	939	1	
	苏丹草	10.57	1172	123955	7635	0.35
	紫云英（非绿肥）	10.35	1034	107027	13540	0.16
	其他一年生饲草	0.26	2052	5378	56	0.01
广　东		**12.72**	**1010**	**128370**	**4130**	**0.21**
	多花黑麦草	6.40	991	63349	2630	0.14
	墨西哥类玉米	1.24	1311	16185		
	青贮玉米	0.62	1159	7125	1500	0.06

4-18 各地区分种类一年生饲草生产情况（续）

单位：万亩、千克/亩、吨

地　区	饲草种类	当年种草面积	干草平均产量	干草总产量	青贮量	收贮面积
	饲用黑麦	3.65	1014	37000		
	饲用小黑麦	0.06	1001	611		
	紫云英（非绿肥）	0.76	539	4100		
广　西		**22.37**	**1398**	**312883**	**191406**	**13.15**
	多花黑麦草	5.21	1215	63342	3908	5.35
	苦荬菜	0.05	250	113		
	毛苕子（非绿肥）	0.56	2200	12320		
	墨西哥类玉米	0.91	1204	10952	4252	0.00
	青贮青饲高粱	0.17	1440	2405		
	青贮玉米	14.34	1481	212357	182422	7.79
	饲用黑麦	0.00	2000	20		
	饲用块根块茎作物	0.58	1516	8839	594	
	紫云英（非绿肥）	0.49	334	1634		0.01
	其他一年生饲草	0.07	1367	902	230	0.01
海　南		**0.05**	**2252**	**1171**		
	青贮青饲高粱	0.01	1200	60		
	青贮玉米	0.00	3000	90		
	其他一年生饲草	0.04	2320	1021		
重　庆		**27.14**	**901**	**244519**	**151566**	**2.81**
	多花黑麦草	6.75	1199	80881	18460	0.25
	墨西哥类玉米	0.03	979	304		
	青贮青饲高粱	2.01	1141	22917	10201	

4-18 各地区分种类一年生饲草生产情况（续）

单位：万亩、千克/亩、吨

地 区	饲草种类	当年种草面积	干草平均产量	干草总产量	青贮量	收贮面积
	青贮玉米	7.40	984	72811	82660	2.56
	饲用黑麦	0.19	561	1037	300	
	饲用块根块茎作物	10.53	608	64071	39945	
	饲用燕麦	0.00	430	13		
	苏丹草	0.23	1097	2469		
	紫云英（非绿肥）	0.00	580	17		
四 川		468.45	950	4449099	645167	45.51
	多花黑麦草	136.04	1052	1430840	78325	7.27
	箭筈豌豆	1.40	300	4200		
	苦荬菜	0.27	991	2715	20	0.00
	毛苕子（非绿肥）	102.81	781	802732		19.50
	墨西哥类玉米	8.93	1062	94834	18698	0.00
	青贮青饲高粱	5.76	1348	77708	3837	0.01
	青贮玉米	93.92	1244	1168030	504667	15.13
	饲用大麦	0.69	1008	6927	1831	0.03
	饲用甘蓝	0.20	850	1700		
	饲用黑麦	0.77	1031	7968		
	饲用块根块茎作物	41.07	841	345505	27164	2.94
	饲用燕麦	36.96	666	246283	3002	0.35
	苏丹草	3.47	1294	44853	4943	0.16
	籽粒苋	6.23	606	37734	580	0.12
	紫云英（非绿肥）	4.43	414	18321		

4-18　各地区分种类一年生饲草生产情况（续）

单位：万亩、千克/亩、吨

地　区	饲草种类	当年种草面积	干草平均产量	干草总产量	青贮量	收贮面积
	其他一年生饲草	25.52	622	158750	2100	
贵　州		**116.89**	**1299**	**1518663**	**758035**	**216.33**
	多花黑麦草	51.21	1291	661024	27684	201.63
	箭筈豌豆	3.65	700	25550		
	毛苕子（非绿肥）	0.06	360	227		
	青贮青饲高粱	9.19	1720	157974	217956	1.13
	青贮玉米	34.77	1584	550685	463321	12.32
	饲用黑麦	1.79	1235	22132	24	0.08
	饲用块根块茎作物	0.88	600	5280	2010	0.88
	饲用小黑麦	2.06	736	15160		
	饲用燕麦	1.24	1732	21533	1050	0.30
	其他一年生饲草	12.03	491	59100	45990	
云　南		**469.13**	**872**	**4089405**	**3068195**	**112.53**
	多花黑麦草	59.39	961	570816	129617	4.25
	箭筈豌豆	0.98	257	2520		
	毛苕子（非绿肥）	109.04	545	594423	4585	3.48
	墨西哥类玉米	2.81	843	23688	7000	2.60
	青贮青饲高粱	0.05	2090	1003	420	0.01
	青贮玉米	187.19	1166	2183581	2796600	94.43
	饲用大麦	20.14	684	137745	2001	0.02
	饲用黑麦	4.04	585	23628	5360	0.03
	饲用块根块茎作物	38.27	641	245180	78600	0.96

4-18　各地区分种类一年生饲草生产情况（续）

单位：万亩、千克/亩、吨

地　区	饲草种类	当年种草面积	干草平均产量	干草总产量	青贮量	收贮面积
	饲用青稞	3.67	610	22402	5962	0.76
	饲用小黑麦	14.13	487	68764	7628	3.05
	饲用燕麦	26.11	739	193001	30182	2.90
	苏丹草	0.00	960	10		
	紫云英（非绿肥）	0.02	260	52		
	其他一年生饲草	3.30	685	22591	240	0.03
西　藏		**40.93**	**357**	**145941**	**36555**	**5.45**
	箭筈豌豆	1.56	714	11145	544	0.84
	青贮玉米	2.90	894	25976	36011	0.43
	饲用块根块茎作物	0.20	650	1300		
	饲用青稞	5.78	209	12072		
	饲用小黑麦	3.59	170	6095		3.59
	饲用燕麦	26.90	332	89354		0.60
陕　西		**179.88**	**970**	**1744656**	**2733818**	**92.22**
	草木樨	0.30	400	1205		
	多花黑麦草	1.66	1040	17261	39500	
	墨西哥类玉米	0.20	840	1680		
	青贮青饲高粱	2.21	1188	26207	56073	1.46
	青贮玉米	157.05	994	1561449	2635795	90.68
	饲用黑麦	0.31	777	2392		
	饲用燕麦	12.66	647	81890	1900	0.09
	苏丹草	0.27	561	1538	550	
	其他一年生饲草	5.22	978	51034		

4-18 各地区分种类一年生饲草生产情况（续）

单位：万亩、千克/亩、吨

地　区	饲草种类	当年种草面积	干草平均产量	干草总产量	青贮量	收贮面积
甘　肃		**805.23**	**909**	**7316326**	**12391508**	**476.06**
	草谷子	15.89	576	91610		9.56
	草木樨	0.44	535	2328		
	箭筈豌豆	16.78	254	42562	2060	
	毛苕子（非绿肥）	0.25	500	1250		
	青贮青饲高粱	26.85	1099	295157	38405	13.51
	青贮玉米	552.21	1032	5699743	12309316	407.13
	饲用大麦	0.93	322	2990	1458	
	饲用块根块茎作物	0.20	1300	2600		
	饲用小黑麦	2.90	717	20793	420	
	饲用燕麦	180.83	616	1113234	39849	45.86
	苏丹草	0.05	430	215		
	其他一年生饲草	7.91	554	43845		
青　海		**199.15**	**724**	**1441888**	**1438454**	**59.93**
	毛苕子（非绿肥）	0.50	300	1500		
	青贮玉米	29.79	1611	479866	1065734	28.12
	饲用块根块茎作物	4.11	650	26715		
	饲用小黑麦	0.63	800	5040	15100	0.63
	饲用燕麦	164.12	566	928767	357620	31.18
宁　夏		**346.41**	**994**	**3443719**	**7655808**	**210.53**
	草谷子	9.68	265	25648		
	青贮青饲高粱	11.07	1221	135210		
	青贮玉米	259.54	1171	3040393	7650962	207.25

4-18　各地区分种类一年生饲草生产情况（续）

单位：万亩、千克/亩、吨

地　区	饲草种类	当年种草面积	干草平均产量	干草总产量	青贮量	收贮面积
	饲用黑麦	0.56	447	2480		0.20
	饲用小黑麦	6.71	557	37426	4846	1.57
	饲用燕麦	48.37	335	161906		1.51
	苏丹草	6.93	504	34918		
	其他一年生饲草	3.55	162	5738		
新　疆		**939.15**	**1300**	**12208317**	**21919402**	**910.48**
	青贮青饲高粱	12.81	1285	164575	74720	10.40
	青贮玉米	906.81	1318	11952179	21844682	900.09
	饲用大麦	1.10	386	4245		
	饲用黑麦	0.50	300	1500		
	饲用块根块茎作物	14.91	464	69130		
	饲用小黑麦	0.05	210	105		
	饲用燕麦	2.83	559	15810		
	苏丹草	0.14	545	774		
新疆兵团		**28.32**	**1175**	**332792**	**759350**	**22.14**
	草木樨	0.09	150	131		0.09
	青贮青饲高粱	0.52	1185	6160	24000	0.48
	青贮玉米	26.65	1213	323208	735350	21.57
	饲用燕麦	1.00	315	3150		
	其他一年生饲草	0.06	260	143		
黑龙江农垦		**22.44**	**914**	**205197**	**684636**	**23.20**
	青贮玉米	22.22	920	204428	682066	22.98
	饲用燕麦	0.23	339	770	2570	0.23

4-19　各地区青贮玉米生产情况

单位：万亩、千克/亩、吨

地　区	当年种植面积	干草平均产量	干草总产量	青贮量	收贮面积
合　计	4947.76	1094	54152895	118979248	4196.84
天　津	23.37	775	181185	544172	23.37
河　北	341.51	945	3226100	8868053	336.97
山　西	124.53	908	1130522	1824905	67.97
内蒙古	1307.96	974	12736551	37857914	1174.64
辽　宁	66.52	828	550553	1487483	54.23
吉　林	54.16	1121	607246	1295149	30.85
黑龙江	105.21	809	850654	2747028	103.43
江　苏	34.34	1493	512865	585662	15.61
安　徽	113.31	1772	2008141	1696591	90.95
福　建	1.22	1886	23065	7120	0.40
江　西	5.90	1081	63776	91935	5.62
山　东	169.61	846	1434108	4024837	149.71
河　南	227.45	848	1927917	5287043	323.31
湖　北	36.76	2058	756468	532716	7.77
湖　南	40.49	1635	661825	1137554	1.49
广　东	0.62	1159	7125	1500	0.06
广　西	14.34	1481	212357	182422	7.79
海　南	0.00	3000	90		
重　庆	7.40	984	72811	82660	2.56
四　川	93.92	1244	1168030	504667	15.13
贵　州	34.77	1584	550685	463321	12.32
云　南	187.19	1166	2183581	2796600	94.43
西　藏	2.90	894	25976	36011	0.43
陕　西	157.05	994	1561449	2635795	90.68

4-19　各地区青贮玉米生产情况（续）

单位：万亩、千克/亩、吨

地　区	当年种植面积	干草平均产量	干草总产量	青贮量	收贮面积
甘　肃	552.21	1032	5699743	12309316	407.13
青　海	29.79	1611	479866	1065734	28.12
宁　夏	259.54	1171	3040393	7650962	207.25
新　疆	906.81	1318	11952179	21844682	900.09
新疆兵团	26.65	1213	323208	735350	21.57
黑龙江农垦	22.22	920	204428	682066	22.98

4-20　各地区多花黑麦草生产情况

单位：万亩、千克/亩、吨

地　区	当年种草面积	干草平均产量	干草总产量	青贮量	收贮面积
合　计	**371.47**	**1150**	**4272282**	**512025**	**234.56**
江　苏	1.43	1174	16748	1621	
安　徽	4.49	694	31207	1211	0.13
福　建	2.77	1540	42597		
江　西	23.25	1013	235552	152669	14.35
河　南	0.00	800	24		
湖　北	50.41	1350	680761	41289	
湖　南	22.47	1681	377878	15111	1.19
广　东	6.40	991	63349	2630	0.14
广　西	5.21	1215	63342	3908	5.35
重　庆	6.75	1199	80881	18460	0.25
四　川	136.04	1052	1430840	78325	7.27
贵　州	51.21	1291	661024	27684	201.63
云　南	59.39	961	570816	129617	4.25
陕　西	1.66	1040	17261	39500	

4–21　各地区饲用燕麦生产情况

单位：万亩、千克/亩、吨

地　区	当年种草面积	干草平均产量	干草总产量	青贮量	收贮面积
合　计	775.76	536	4160834	711568	169.66
天　津	0.49	152	749	2348	0.49
河　北	44.34	268	118901	74141	6.78
山　西	7.47	313	23381	4635	3.68
内蒙古	219.29	522	1144608	164948	73.84
吉　林	0.30	350	1050	500	
江　苏	0.01	1000	50		
江　西	0.16	929	1458	1323	0.15
山　东	0.26	672	1728	250	0.03
河　南	1.66	608	10099	25149	1.66
湖　北	0.36	600	2160	2100	
湖　南	0.18	522	939	1	
重　庆	0.00	430	13		
四　川	36.96	666	246283	3002	0.35
贵　州	1.24	1732	21533	1050	0.30
云　南	26.11	739	193001	30182	2.90
西　藏	26.90	332	89354		0.60
陕　西	12.66	647	81890	1900	0.09
甘　肃	180.83	616	1113234	39849	45.86
青　海	164.12	566	928767	357620	31.18
宁　夏	48.37	335	161906		1.51
新　疆	2.83	559	15810		
新疆兵团	1.00	315	3150		
黑龙江农垦	0.23	339	770	2570	0.23

4-22　各地区牧区半牧区分种类一年生饲草生产情况

单位：万亩、千克/亩、吨

地　区	饲草种类	当年种草面积	干草平均产量	干草总产量	青贮量	收贮面积
合　计		2313.62	856	19815345	40881236	1530.63
河　北		94.56	660	624362	1653352	61.28
	草木樨	0.93	551	5120	14000	0.70
	青贮玉米	54.94	939	515692	1600250	55.74
	饲用燕麦	34.57	263	90790	38917	3.84
	其他一年生饲草	4.12	310	12760	185	1.00
山　西		2.00	250	5000		
	饲用燕麦	2.00	250	5000		
内蒙古		1236.82	878	10858118	29424883	979.87
	草谷子	4.67	255	11910		
	青贮玉米	1013.61	962	9754775	29329669	919.18
	饲用黑麦	3.00	500	15000		
	饲用燕麦	138.25	556	769205	93714	53.26
	其他一年生饲草	77.29	398	307229	1500	7.43
辽　宁		26.43	697	184245	524244	20.31
	青贮玉米	26.43	697	184245	524244	20.31
吉　林		16.89	1046	176725	390631	7.27
	青贮玉米	16.25	1071	173980	379752	6.93
	饲用大麦	0.35	490	1695	10379	0.35
	饲用燕麦	0.30	350	1050	500	
黑龙江		50.24	819	411565	1281564	49.54
	青贮玉米	50.24	819	411565	1281564	49.54
四　川		188.78	730	1377668	102465	23.65
	多花黑麦草	9.11	707	64374		
	箭筈豌豆	1.40	300	4200		

4-22 各地区牧区半牧区分种类一年生饲草生产情况（续）

单位：万亩、千克/亩、吨

地 区	饲草种类	当年种草面积	干草平均产量	干草总产量	青贮量	收贮面积
	毛苕子（非绿肥）	96.64	778	751892		19.50
	青贮玉米	12.24	1012	123834	99463	3.80
	饲用块根块茎作物	10.20	594	60550		
	饲用燕麦	36.14	664	239766	3002	0.35
	其他一年生饲草	23.06	577	133052		
云 南		**19.74**	**830**	**163847**		
	多花黑麦草	0.12	1100	1320		
	毛苕子（非绿肥）	8.36	1215	101580		
	青贮玉米	0.28	1700	4675		
	饲用大麦	0.22	500	1100		
	饲用块根块茎作物	7.75	493	38227		
	饲用青稞	2.86	579	16569		
	饲用燕麦	0.15	251	377		
西 藏		**27.03**	**257**	**69390**		**4.19**
	饲用块根块茎作物	0.20	650	1300		
	饲用青稞	4.08	171	6972		
	饲用小黑麦	3.59	170	6095		3.59
	饲用燕麦	19.17	287	55023		0.60
甘 肃		**215.05**	**810**	**1741845**	**1056476**	**119.73**
	草谷子	10.51	573	60210		9.56
	箭筈豌豆	0.60	500	3000		
	青贮青饲高粱	11.85	1291	152997		11.85
	青贮玉米	68.38	1079	737679	1031356	63.30
	饲用大麦	0.23	600	1380		
	饲用小黑麦	2.90	717	20793	420	

4-22　各地区牧区半牧区分种类一年生饲草生产情况（续）

单位：万亩、千克/亩、吨

地 区	饲草种类	当年种草面积	干草平均产量	干草总产量	青贮量	收贮面积
	饲用燕麦	117.37	640	751341	24700	35.02
	其他一年生饲草	3.21	450	14445		
青　海		**118.12**	**599**	**707778**	**478094**	**22.80**
	毛苕子（非绿肥）	0.50	300	1500		
	青贮玉米	7.95	1960	155825	349845	7.57
	饲用块根块茎作物	4.11	650	26715		
	饲用燕麦	105.57	496	523738	128249	15.23
宁　夏		**88.35**	**824**	**727857**	**848140**	**34.75**
	草谷子	9.46	265	25078		
	青贮青饲高粱	5.67	1732	98260		
	青贮玉米	34.74	1351	469316	848140	34.74
	饲用小黑麦	0.00	180	4		
	饲用燕麦	30.68	323	99197		0.01
	苏丹草	6.29	536	33738		
	其他一年生饲草	1.51	150	2265		
新　疆		**229.60**	**1205**	**2766946**	**5121387**	**207.24**
	青贮青饲高粱	0.34	1842	6170	21800	0.34
	青贮玉米	212.68	1259	2677981	5099587	206.90
	饲用大麦	1.05	390	4095		
	饲用黑麦	0.50	300	1500		
	饲用块根块茎作物	12.10	502	60700		
	饲用燕麦	2.83	559	15810		
	苏丹草	0.10	690	690		

4-23 各地区牧区分种类一年生饲草生产情况

单位：万亩、千克/亩、吨

地　区	饲草种类	当年种草面积	干草平均产量	干草总产量	青贮量	收贮面积
合　计		**677.44**	**754**	**5109610**	**9465312**	**361.11**
内蒙古		**322.04**	**768**	**2474811**	**6497663**	**239.56**
	草谷子	2.15	300	6450		
	青贮玉米	219.20	893	1957353	6442165	196.62
	饲用燕麦	83.39	548	457335	53998	40.51
	其他一年生饲草	17.30	310	53674	1500	2.43
黑龙江		**5.00**	**748**	**37400**	**112189**	**5.00**
	青贮玉米	5.00	748	37400	112189	5.00
四　川		**77.30**	**611**	**472450**	**4445**	**0.31**
	多花黑麦草	7.03	650	45679		
	毛苕子（非绿肥）	24.10	620	149420		
	青贮玉米	0.37	1330	4867	1443	0.16
	饲用燕麦	35.69	664	237033	3002	0.15
	其他一年生饲草	10.11	351	35452		
西　藏		**9.87**	**197**	**19424**		
	饲用青稞	4.08	171	6972		
	饲用燕麦	5.80	215	12452		
甘　肃		**43.05**	**653**	**280960**	**78120**	**3.14**
	青贮玉米	3.24	995	32232	65000	3.14
	饲用大麦	0.23	600	1380		
	饲用小黑麦	2.90	717	20793	420	
	饲用燕麦	36.68	618	226555	12700	
青　海		**98.31**	**552**	**542879**	**254089**	**13.56**
	青贮玉米	4.17	2000	83385	175840	3.79
	饲用块根块茎作物	4.11	650	26715		
	饲用燕麦	90.04	481	432779	78249	9.77
宁　夏		**25.91**	**639**	**165412**	**207840**	**7.41**
	青贮玉米	7.40	924	68376	207840	7.40
	饲用燕麦	14.00	500	70000		0.01
	苏丹草	4.51	600	27036		
新　疆		**95.96**	**1163**	**1116274**	**2310966**	**92.13**
	青贮玉米	94.03	1173	1102774	2310966	92.13
	饲用燕麦	1.83	700	12810		
	苏丹草	0.10	690	690		

4-24　各地区半牧区分种类一年生饲草生产情况

单位：万亩、千克/亩、吨

地　区	饲草种类	当年种草面积	干草平均产量	干草总产量	青贮量	收贮面积
合　计		1636.18	899	14705735	31415924	1169.52
河　北		94.56	660	624362	1653352	61.28
	草木樨	0.93	551	5120	14000	0.70
	青贮玉米	54.94	939	515692	1600250	55.74
	饲用燕麦	34.57	263	90790	38917	3.84
	其他一年生饲草	4.12	310	12760	185	1.00
山　西		2.00	250	5000		
	饲用燕麦	2.00	250	5000		
内蒙古		914.79	916	8383307	22927220	740.31
	草谷子	2.52	217	5460		
	青贮玉米	794.41	982	7797422	22887504	722.56
	饲用黑麦	3.00	500	15000		
	饲用燕麦	54.87	568	311870	39716	12.75
	其他一年生饲草	59.99	423	253555		5.00
辽　宁		26.43	697	184245	524244	20.31
	青贮玉米	26.43	697	184245	524244	20.31
吉　林		16.89	1046	176725	390631	7.27
	青贮玉米	16.25	1071	173980	379752	6.93
	饲用大麦	0.35	490	1695	10379	0.35
	饲用燕麦	0.30	350	1050	500	
黑龙江		45.24	827	374165	1169375	44.54
	青贮玉米	45.24	827	374165	1169375	44.54

4-24 各地区半牧区分种类一年生饲草生产情况（续）

单位：万亩、千克/亩、吨

地　区	饲草种类	当年 种草面积	干草 平均产量	干草 总产量	青贮量	收贮面积
四　川		**111.48**	**812**	**905218**	**98020**	**23.34**
	多花黑麦草	2.08	899	18695		
	箭筈豌豆	1.40	300	4200		
	毛苕子（非绿肥）	72.54	831	602472		19.50
	青贮玉米	11.87	1002	118968	98020	3.64
	饲用块根块茎作物	10.20	594	60550		
	饲用燕麦	0.45	614	2734		0.20
	其他一年生饲草	12.95	754	97600		
云　南		**19.74**	**830**	**163847**		
	多花黑麦草	0.12	1100	1320		
	毛苕子（非绿肥）	8.36	1215	101580		
	青贮玉米	0.28	1700	4675		
	饲用大麦	0.22	500	1100		
	饲用块根块茎作物	7.75	493	38227		
	饲用青稞	2.86	579	16569		
	饲用燕麦	0.15	251	377		
西　藏		**17.16**	**291**	**49966**		**4.19**
	饲用块根块茎作物	0.20	650	1300		
	饲用小黑麦	3.59	170	6095		3.59
	饲用燕麦	13.38	318	42572		0.60
甘　肃		**172.00**	**849**	**1460885**	**978356**	**116.59**
	草谷子	10.51	573	60210		9.56

4-24　各地区半牧区分种类一年生饲草生产情况（续）

单位：万亩、千克/亩、吨

地　区	饲草种类	当年种草面积	干草平均产量	干草总产量	青贮量	收贮面积
	箭筈豌豆	0.60	500	3000		
	青贮青饲高粱	11.85	1291	152997		11.85
	青贮玉米	65.14	1083	705447	966356	60.16
	饲用燕麦	80.69	650	524786	12000	35.02
	其他一年生饲草	3.21	450	14445		
青　海		**19.81**	**832**	**164899**	**224005**	**9.24**
	毛苕子（非绿肥）	0.50	300	1500		
	青贮玉米	3.78	1916	72440	174005	3.78
	饲用燕麦	15.53	586	90959	50000	5.46
宁　夏		**62.45**	**901**	**562445**	**640300**	**27.34**
	草谷子	9.46	265	25078		
	青贮青饲高粱	5.67	1732	98260		
	青贮玉米	27.34	1466	400940	640300	27.34
	饲用小黑麦	0.00	180	4		
	饲用燕麦	16.68	175	29197		
	苏丹草	1.78	376	6702		
	其他一年生饲草	1.51	150	2265		
新　疆		**133.64**	**1235**	**1650671**	**2810421**	**115.11**
	青贮青饲高粱	0.34	1842	6170	21800	0.34
	青贮玉米	118.66	1328	1575206	2788621	114.78
	饲用大麦	1.05	390	4095		
	饲用黑麦	0.50	300	1500		
	饲用块根块茎作物	12.10	502	60700		
	饲用燕麦	1.00	300	3000		

四、商品草生产情况

4-25 2018—2022年全国分种类商品草生产面积情况

单位：万亩

饲草种类	饲草类别	2018 年	2019 年	2020 年	2021 年	2022 年
合　计		**1458.40**	**1630.01**	**1347.23**	**1485.51**	**1531.69**
	多年生合计	1081.54	1163.11	838.23	928.35	911.54
白三叶		1.60			0.01	0.01
串叶松香草		0.03	0.03	0.20		
多年生黑麦草		0.04	0.53	2.44	3.44	2.61
狗尾草		0.10	0.44	0.33	0.10	0.25
红豆草		8.50	8.30	6.72	6.45	1.62
红三叶		0.41	0.40	0.05	0.10	0.10
狼尾草		4.57	4.25	3.06	5.34	10.87
老芒麦		0.74	1.35	0.80	2.77	0.74
猫尾草		1.79	4.00	4.17	10.06	10.02
木本蛋白饲料		1.36	2.49	2.23		
牛鞭草		0.72	0.73	0.68	0.68	0.68
披碱草		0.50	47.34	10.30	8.63	7.07
羊草		412.87	427.26	174.25	272.62	269.88
紫花苜蓿		607.45	658.81	629.40	605.44	594.63
早熟禾					4.63	5.45

4-25　2018—2022年全国分种类商品草生产面积情况（续）

单位：万亩

饲草种类	饲草类别	2018年	2019年	2020年	2021年	2022年
其他多年生饲草		40.86	7.18	3.61	8.08	7.61
	一年生合计	**376.86**	**466.90**	**509.00**	**557.36**	**620.15**
草谷子		6.50	0.00		1.80	1.20
草木樨						0.22
多花黑麦草		4.82	3.71	4.47	3.98	12.07
箭筈豌豆		0.46	0.56	0.66	0.48	0.33
毛苕子（非绿肥）		5.50	0.40	9.90	8.30	8.50
墨西哥类玉米		44.09	23.45	58.21	1.03	1.36
青莜麦		0.20		0.23		
青贮青饲高粱		3.34	2.93	301.42	0.56	1.44
青贮玉米		194.09	308.55		393.47	397.34
苏丹草		0.28	0.00	0.92	0.96	0.95
饲用大麦		0.40	0.95	1.35	3.10	2.35
饲用黑麦		1.83	0.90	0.28	0.25	0.34
饲用小黑麦		3.85	0.03	1.58	4.90	1.83
饲用燕麦		97.64	106.60	121.81	133.89	186.08
苏丹草		0.28	0.00	0.92	0.96	0.95
籽粒苋		0.75	0.75	0.23	0.23	0.24
紫云英（非绿肥）			0.45	0.86	1.11	1.05
其他一年生饲草		13.12	17.63	7.08	3.10	4.86

4-26 全国及牧区半牧区

区　域	饲草种类	饲草类别	生产面积	干草平均产量
全　国			**1531.69**	**738**
		多年生合计	**912.10**	**506**
	白三叶		0.01	1033
	多年生黑麦草		3.17	1122
	狗尾草		0.25	2994
	红豆草		1.62	454
	红三叶		0.10	800
	狼尾草		10.87	1829
	老芒麦		0.74	280
	猫尾草		10.02	600
	牛鞭草		0.68	1807
	披碱草		7.07	159
	羊草		269.88	121
	早熟禾		5.45	117
	紫花苜蓿		594.63	650
	其他多年生饲草		7.61	994
		一年生合计	**619.58**	**1080**
	草谷子		1.20	290
	草木樨		0.22	405
	多花黑麦草		12.07	1003
	箭筈豌豆		0.33	150
	毛苕子（非绿肥）		8.50	808
	墨西哥类玉米		1.36	2179
	青贮青饲高粱		1.44	1297
	青贮玉米		397.34	1277
	饲用大麦		2.35	601

分种类商品草生产情况

单位：万亩、千克/亩、吨

干草总产量	商品干草产量	商品干草销售量	商品青贮量	青贮销售量
11303321	4642144	4123565	10513591	5791158
4612372	2653067	2433691	1196335	783883
124				
35610	3750	1000	8310	500
7515	1515	815	6000	5800
7360	985	985		
800				
198716	41620	39168	356017	288102
2072	2072	1300	2	2
60100	38100	38100		
12309				
11236	11175	8675		
326713	294083	289013	6069	
6373	6300	6300		
3867776	2242812	2040975	728751	419419
75666	10655	7360	91186	70060
6690949	1989077	1689873	9317256	5007275
3480	3480	2080		
891	820	820		
121071	800	500		
495				
68650	43200	40800		
29570	19800	11500	6030	3412
18681			22700	21900
5072883	1064378	938475	8979477	4827928
14095			10384	10384

4-26 全国及牧区半牧区

区 域	饲草种类	饲草类别	生产面积	干草平均产量
牧区半牧区	饲用黑麦		0.34	1120
	饲用小黑麦		1.83	604
	饲用燕麦		186.08	678
	苏丹草		0.95	1942
	籽粒苋		0.24	400
	紫云英（非绿肥）		0.49	690
	其他一年生饲草		4.86	1288
			681.63	**559**
		多年生合计	**495.72**	**409**
	红三叶		0.10	800
	老芒麦		0.74	280
	猫尾草		10.00	600
	披碱草		7.07	159
	羊草		217.05	126
	早熟禾		5.45	117
	紫花苜蓿		251.24	664
	其他多年生饲草		4.08	148
		一年生合计	**185.91**	**957**
	草谷子		1.20	290
	草木樨		0.22	405
	多花黑麦草		0.10	1200
	毛苕子（非绿肥）		0.50	1250
	青贮玉米		76.47	1308
	饲用大麦		0.35	490
	饲用小黑麦		0.60	220
	饲用燕麦		103.47	701
	其他一年生饲草		3.00	1333

分种类商品草生产情况（续）

单位：万亩、千克/亩、吨

干草总产量	商品干草产量	商品干草销售量	商品青贮量	青贮销售量
3752	50	50	1500	
11058	6450	4800	8400	3000
1260931	839539	683788	277403	130931
18431			422	400
960	960	960		
3381	3100	3100		
62620	6500	3000	10940	9320
3807199	**2466414**	**2140439**	**2094514**	**503653**
2027558	**1418031**	**1290993**	**187002**	**99002**
800				
2072	2072	1300	2	2
60000	38000	38000		
11236	11175	8675		
273515	256166	253166		
6373	6300	6300		
1667505	1099218	978602	187000	99000
6057	5100	4950		
1779641	**1048383**	**849446**	**1907512**	**404651**
3480	3480	2080		
891	820	820		
1200	800	500		
6250	5200	2800		
999925	575250	480000	1805829	366176
1695			10379	10379
1320	1050	800		
724879	457283	361446	90984	28096
40000	4500	1000	320	

4-26　全国及牧区半牧区

区　域	饲草种类	饲草类别	生产面积	干草平均产量
牧区			**192.91**	**634**
		多年生合计	**141.24**	**540**
	老芒麦		0.74	280
	披碱草		6.94	156
	羊草		4.97	150
	早熟禾		5.45	117
	紫花苜蓿		119.12	614
	其他多年生饲草		4.02	123
		一年生合计	**51.67**	**890**
	青贮玉米		8.61	1414
	饲用燕麦		43.06	785
半牧区			**488.72**	**529**
		多年生合计	**354.49**	**357**
	红三叶		0.10	800
	猫尾草		10.00	600
	披碱草		0.13	316
	羊草		212.08	125
	紫花苜蓿		132.12	709
	其他多年生饲草		0.06	1850
		一年生合计	**134.24**	**983**
	草谷子		1.20	290
	草木樨		0.22	405
	多花黑麦草		0.10	1200
	毛苕子（非绿肥）		0.50	1250
	青贮玉米		67.86	1294
	饲用大麦		0.35	490
	饲用小黑麦		0.60	220
	饲用燕麦		60.41	641
	其他一年生饲草		3.00	1333

分种类商品草生产情况（续）

单位：万亩、千克/亩、吨

干草总产量	商品干草产量	商品干草销售量	商品青贮量	青贮销售量
1222155	816382	659110	274175	147225
762523	676600	603774	42002	26002
2072	2072	1300	2	2
10841	10780	8280		
7455	7455	7455		
6373	6300	6300		
730835	645093	575539	42000	26000
4947	4900	4900		
459632	139782	55336	232173	121223
121714			224823	113873
337917	139782	55336	7350	7350
2585044	1650032	1481329	1820339	356428
1265035	741431	687219	145000	73000
800				
60000	38000	38000		
395	395	395		
266060	248711	245711		
936670	454125	403063	145000	73000
1110	200	50		
1320009	908601	794110	1675339	283428
3480	3480	2080		
891	820	820		
1200	800	500		
6250	5200	2800		
878211	575250	480000	1581006	252303
1695			10379	10379
1320	1050	800		
386962	317501	306110	83634	20746
40000	4500	1000	320	

4-27 各地区分种类

地 区	饲草种类	生产面积	干草平均产量	干草总产量
合 计		1531.69	738	11303321
河 北		64.31	939	603846
	草木樨	0.22	405	891
	青贮玉米	26.28	1231	323503
	饲用燕麦	8.79	388	34065
	紫花苜蓿	27.27	867	236387
	其他一年生饲草	1.75	514	9000
山 西		11.57	763	88235
	青贮玉米	4.40	1053	46260
	饲用燕麦	4.09	304	12455
	紫花苜蓿	2.60	951	24720
	其他一年生饲草	0.48	1000	4800
内蒙古		227.77	867	1974145
	草谷子	1.20	290	3480
	青贮玉米	58.33	1401	817183
	饲用燕麦	51.02	817	416807
	紫花苜蓿	117.22	628	736675
辽 宁		13.88	734	101904
	青贮玉米	13.88	734	101904
吉 林		61.42	371	228013
	青贮玉米	5.25	2676	140391
	饲用大麦	0.35	490	1695
	羊草	50.00	85	42700
	紫花苜蓿	5.82	742	43226
黑龙江		198.97	169	336281
	青贮玉米	4.87	1068	51981

商品草生产情况

单位：万亩、千克/亩、吨

商品干草产量	商品干草销售量	商品青贮量	青贮销售量
4642144	4123565	10513591	5791158
214112	213612	786052	757052
820	820		
		598983	581855
20700	20200	54333	42466
192592	192592	132736	132731
8000	8000	111101	11500
		73104	
6000	6000		
		35197	10000
2000	2000	2800	1500
1544024	1381441	1285501	151500
3480	2080		
668400	583400	1195500	88500
194411	192391	15001	
677733	603570	75000	63000
		290545	
		290545	
64020	61150	119513	47513
		9134	9134
		10379	10379
33020	31150		
31000	30000	100000	28000
265696	263696	170912	166107
1660	1660	170912	166107

4-27　各地区分种类

地　区	饲草种类	生产面积	干草平均产量	干草总产量
	羊草	183.37	134	245605
	紫花苜蓿	10.74	360	38696
江　苏		**6.80**	**1292**	**87851**
	青贮玉米	4.800	1572	75451
	饲用大麦	2.00	620	12400
安　徽		**23.46**	**2118**	**496870**
	白三叶	0.00	1200	24
	多年生黑麦草	0.06	373	205
	青贮玉米	22.84	2154	491820
	苏丹草	0.02	935	215
	紫花苜蓿	0.05	2450	1225
	紫云英（非绿肥）	0.49	690	3381
江　西		**3.82**	**2379**	**90910**
	狼尾草	3.58	2511	89950
	籽粒苋	0.24	400	960
山　东		**13.36**	**956**	**127726**
	猫尾草	0.02	500	100
	青贮玉米	8.20	997	81770
	饲用黑麦	0.01	1000	50
	饲用燕麦	0.01	1000	70
	紫花苜蓿	5.13	892	45736
河　南		**19.95**	**916**	**182691**
	多年生黑麦草	0.03	1000	250
	青贮玉米	10.72	860	92235
	饲用燕麦	0.16	747	1195
	紫花苜蓿	7.77	961	74592

商品草生产情况（续）

单位：万亩、千克/亩、吨

商品干草产量	商品干草销售量	商品青贮量	青贮销售量
231486	229486		
32550	32550		
		15067	**17**
		15062	12
		5	5
42958	**42804**	**313883**	**313801**
38758	38604	313881	313801
		2	
1100	1100		
3100	3100		
960	**960**	**63610**	**40984**
		63610	40984
960	960		
33844	**33844**	**269871**	**100195**
100	100		
		236088	77190
50	50		
70	70		
33624	33624	33783	23005
5702	**4579**	**488267**	**308029**
250			
		278515	257555
		3584	3583
5122	4579	191452	46191

4-27 各地区分种类

地　区	饲草种类	生产面积	干草平均产量	干草总产量
	其他多年生饲草	1.28	1127	14420
湖　北		**11.05**	**1659**	**183319**
	白三叶	0.01	1000	100
	多花黑麦草	0.17	1103	1820
	多年生黑麦草	2.66	1168	31080
	墨西哥类玉米	0.71	2886	20578
	青贮玉米	6.01	1758	105573
	饲用黑麦	0.17	1500	2550
	苏丹草	0.90	2000	18016
	紫花苜蓿	0.42	854	3602
湖　南		**2.93**	**1552**	**45435**
	箭筈豌豆	0.33	150	495
	狼尾草	0.01	2000	100
	墨西哥类玉米	0.11	2091	2300
	牛鞭草	0.68	1807	12309
	青贮青饲高粱	0.05	398	199
	青贮玉米	1.35	1518	20502
	紫花苜蓿	0.10	530	530
	其他多年生饲草	0.30	3000	9000
广　东		**0.43**	**1872**	**7976**
	狼尾草	0.43	1872	7976
广　西		**2.13**	**1007**	**21398**
	多年生黑麦草	0.19	885	1708
	狗尾草	0.00	1500	15
	狼尾草	1.10	1182	13009
	青贮玉米	0.69	581	4006

商品草生产情况（续）

单位：万亩、千克/亩、吨

商品干草产量	商品干草销售量	商品青贮量	青贮销售量
330		14716	700
16213	**8013**	**71450**	**19113**
3000	1000	1500	500
12000	6500	3430	812
13	13	64770	17701
		1500	
1200	500	250	100
5240	**4660**	**14070**	**12970**
		550	450
1800	1600		
2590	2490	11570	10570
530	250		
320	320	1950	1950
1360	**1360**	**6920**	**6920**
1360	1360	6920	6920
12744	**12193**	**39820**	**25342**
		6760	
15	15		
8260	7808	26874	20232
3194	3095	5366	4290

4-27 各地区分种类

地 区	饲草种类	生产面积	干草平均产量	干草总产量
	其他多年生饲草	0.14	1900	2660
海 南		**0.02**	**3000**	**600**
	其他多年生饲草	0.02	3000	600
重 庆		**0.98**	**1709**	**16797**
	狼尾草	0.89	1683	15031
	青贮青饲高粱	0.03	1180	354
	青贮玉米	0.02	1060	212
	其他多年生饲草	0.04	3000	1200
四 川		**33.80**	**1287**	**434996**
	多花黑麦草	11.91	1002	119251
	多年生黑麦草	0.24	982	2368
	狼尾草	3.47	1219	42302
	老芒麦	0.74	280	2072
	毛苕子（非绿肥）	0.50	1250	6250
	墨西哥类玉米	0.53	1253	6692
	披碱草	0.28	490	1382
	青贮青饲高粱	0.02	1550	310
	青贮玉米	11.37	1518	172530
	饲用燕麦	1.05	720	7560
	紫花苜蓿	0.05	1600	800
	其他多年生饲草	1.51	2303	34660
	其他一年生饲草	2.13	1823	38820
贵 州		**10.00**	**1496**	**149586**
	狗尾草	0.25	3000	7500
	狼尾草	1.39	2183	30348
	青贮青饲高粱	1.34	1330	17818

商品草生产情况（续）

单位：万亩、千克/亩、吨

商品干草产量	商品干草销售量	商品青贮量	青贮销售量
1275	1275	820	820
230	**215**		
230	215		
		25559	**21793**
		24159	20893
		900	900
		500	
55152	**42630**	**729274**	**473702**
800	500		
500		50	
32000	30000	162500	162500
2072	1300	2	2
5200	2800		
6000	3400	2600	2600
1380	1380		
		800	
		501432	253820
2200	2200		
300		50	
200	50	59700	52960
4500	1000	2140	1820
4900	**1400**	**188815**	**150453**
1500	800	6000	5800
		71404	36123
		21000	21000

4-27 各地区分种类

地 区	饲草种类	生产面积	干草平均产量	干草总产量
	青贮玉米	6.34	1251	79320
	其他多年生饲草	0.18	2556	4600
	其他一年生饲草	0.50	2000	10000
云 南		**16.25**	**963**	**156455**
	毛苕子（非绿肥）	8.00	780	62400
	青贮玉米	7.95	1137	90455
	饲用燕麦	0.30	1200	3600
西 藏		**4.43**	**319**	**14108**
	披碱草	0.13	316	395
	青贮玉米	0.24	800	1928
	饲用小黑麦	0.60	220	1320
	饲用燕麦	3.26	290	9465
	紫花苜蓿	0.20	500	1000
陕 西		**38.96**	**939**	**365960**
	青贮玉米	21.98	1140	250657
	饲用黑麦	0.16	720	1152
	饲用燕麦	0.27	750	2025
	苏丹草	0.03	800	200
	紫花苜蓿	16.41	660	108348
	其他多年生饲草	0.12	2910	3579
甘 肃		**502.29**	**771**	**3870681**
	红豆草	1.00	550	5500
	红三叶	0.10	800	800
	猫尾草	10.00	600	60000
	青贮玉米	129.41	1107	1432521
	饲用燕麦	57.98	674	390811

商品草生产情况（续）

单位：万亩、千克/亩、吨

商品干草产量	商品干草销售量	商品青贮量	青贮销售量
		83911	81400
3400	600	500	130
		6000	6000
63820	**63320**	**238626**	**200726**
38000	38000		
24620	24320	236626	198926
1200	1000	2000	1800
3212	**2921**	**5784**	**5784**
395	395		
		5784	5784
1050	800		
1767	1726		
53805	**33805**	**383971**	**179878**
600	600	367351	163678
		420	400
53205	33205	2700	2300
		13500	13500
1449482	**1327381**	**3146828**	**1675344**
38000	38000		
200243	159993	3054478	1612124
327094	305798	900	80

4-27 各地区分种类

地　区	饲草种类	生产面积	干草平均产量	干草总产量
青　海	紫花苜蓿	303.80	652	1981050
		91.73	**721**	**661427**
	披碱草	6.66	142	9459
	青贮玉米	13.41	1805	242008
	饲用小黑麦	0.63	900	5670
	饲用燕麦	59.07	648	382605
	早熟禾	5.45	117	6373
	紫花苜蓿	2.49	416	10364
	其他多年生饲草	4.02	123	4947
宁　夏		**69.41**	**683**	**473912**
	青贮玉米	16.65	972	161858
	饲用小黑麦	0.60	678	4068
	饲用燕麦	0.08	350	273
	紫花苜蓿	52.08	591	307713
新　疆		**44.18**	**791**	**349673**
	红豆草	0.62	300	1860
	青贮玉米	9.73	1407	136882
	紫花苜蓿	33.84	623	210931
新疆兵团		**15.64**	**1059**	**165648**
	青贮玉米	12.22	1163	142097
	紫花苜蓿	3.42	690	23551
黑龙江农垦		**42.17**	**158**	**66557**
	青贮玉米	0.42	2342	9836
	羊草	36.52	105	38409
	紫花苜蓿	5.24	350	18312

商品草生产情况（续）

单位：万亩、千克/亩、吨

商品干草产量	商品干草销售量	商品青贮量	青贮销售量
884145	823590	91450	63140
319452	180220	771282	429417
9400	6900		
		551297	337415
3000	1600	8400	3000
285824	154134	201585	83002
6300	6300		
10028	6386	10000	6000
4900	4900		
225941	224444	314212	314152
124300	124300	273600	273600
2400	2400		
273	269		
98968	97475	40612	40552
191048	153284	240870	166720
985	985		
		236470	162320
190063	152299	4400	4400
18458	18060	394763	212146
		394763	212146
18458	18060		
41772	39572	27025	
		9835	
29577	28377	6069	
12195	11195	11121	

4-28　各地区紫花苜蓿

地　区	生产面积	干草平均产量	干草总产量
合　计	594.63	650	3867776
河　北	27.27	867	236387
山　西	2.60	951	24720
内蒙古	117.22	628	736675
吉　林	5.82	742	43226
黑龙江	10.74	360	38696
安　徽	0.05	2450	1225
山　东	5.13	892	45736
河　南	7.77	961	74592
湖　北	0.42	854	3602
湖　南	0.10	850	850
四　川	0.05	1600	800
西　藏	0.20	500	1000
陕　西	16.41	660	108348
甘　肃	303.80	652	1981050
青　海	2.49	416	10364
宁　夏	52.08	591	307713
新　疆	33.84	623	210931
新疆兵团	3.42	690	23551
黑龙江农垦	5.24	350	18312

商品草生产情况

商品干草产量	商品干草销售量	商品青贮量	青贮销售量
2242812	**2040975**	**728751**	**419419**
192592	192592	132736	132731
		35197	10000
677733	603570	75000	63000
31000	30000	100000	28000
32550	32550		
1100	1100		
33624	33624	33783	23005
5122	4579	191452	46191
1200	500	250	100
530	250		
300		50	
53205	33205	2700	2300
884145	823590	91450	63140
10028	6386	10000	6000
98968	97475	40612	40552
190063	152299	4400	4400
18458	18060		
12195	11195	11121	

4-29 各地区牧区半牧区

地　　区	饲草种类	生产面积	干草平均产量	干草总产量
合　　计		**681.63**	**559**	**3807199**
河　　北		**12.36**	**490**	**60551**
	草木樨	0.22	405	891
	青贮玉米	4.20	771	32400
	饲用燕麦	6.94	350	24260
	其他一年生饲草	1.00	300	3000
山　　西		**2.68**	**625**	**16760**
	饲用燕麦	2.00	260	5200
	紫花苜蓿	0.68	1700	11560
内蒙古		**181.93**	**877**	**1594959**
	草谷子	1.20	290	3480
	青贮玉米	37.30	1560	581800
	饲用燕麦	31.51	958	301752
	紫花苜蓿	111.92	633	707927
辽　　宁		**13.88**	**734**	**101904**
	青贮玉米	13.88	734	101904
吉　　林		**47.17**	**171**	**80472**
	饲用大麦	0.35	490	1695
	羊草	41.00	87	35550
	紫花苜蓿	5.82	742	43226
黑龙江		**185.26**	**147**	**271598**
	青贮玉米	0.37	789	2879
	羊草	176.05	135	237965
	紫花苜蓿	8.85	348	30755
四　　川		**6.24**	**1262**	**78796**
	多花黑麦草	0.10	1200	1200
	老芒麦	0.74	280	2072
	毛苕子（非绿肥）	0.50	1250	6250

分种类商品草生产情况

单位：万亩、千克/亩、吨

商品干草产量	商品干草销售量	商品青贮量	青贮销售量
2466414	2140439	2094514	503653
21520	21020	134533	121356
820	820		
		102000	100690
20700	20200	32533	20666
3000	3000		
3000	3000		
1305796	1143236	1093501	141500
3480	2080		
558000	473000	1003500	78500
94231	92231	15001	
650085	575925	75000	63000
		290545	
		290545	
61400	59400	110379	38379
		10379	10379
30400	29400		
31000	30000	100000	28000
254816	252816	9508	7840
		9508	7840
225766	223766		
29050	29050		
16352	9230	31444	31124
800	500		
2072	1300	2	2
5200	2800		

4-29 各地区牧区半牧区

地 区	饲草种类	生产面积	干草平均产量	干草总产量
西藏	披碱草	0.28	490	1382
	青贮玉米	1.51	1472	22222
	饲用燕麦	1.05	720	7560
	其他多年生饲草	0.06	1850	1110
	其他一年生饲草	2.00	1850	37000
	****	**3.83**	**268**	**10265**
甘肃	披碱草	0.13	316	395
	饲用小黑麦	0.60	220	1320
	饲用燕麦	3.11	275	8550
	****	**149.20**	**741**	**1106045**
青海	红三叶	0.10	800	800
	猫尾草	10.00	600	60000
	青贮玉米	10.32	1109	114420
	饲用燕麦	35.51	695	246727
	紫花苜蓿	93.27	733	684098
	****	**45.07**	**503**	**226517**
宁夏	披碱草	6.66	142	9459
	青贮玉米	3.10	2082	64544
	饲用燕麦	23.35	560	130830
	早熟禾	5.45	117	6373
	紫花苜蓿	2.49	416	10364
	其他多年生饲草	4.02	123	4947
	****	**0.38**	**800**	**3040**
新疆	紫花苜蓿	0.38	800	3040
	****	**33.63**	**762**	**256291**
	青贮玉米	5.80	1376	79756
	紫花苜蓿	27.83	634	176535

分种类商品草生产情况（续）

单位：万亩、千克/亩、吨

商品干草产量	商品干草销售量	商品青贮量	青贮销售量
1380	1380		
		31122	31122
2200	2200		
200	50		
4500	1000	320	
3212	**2921**		
395	395		
1050	800		
1767	1726		
486811	**467765**	**123695**	**27645**
38000	38000		
17250	7000	123595	27565
213861	209065	100	80
217700	213700		
152152	**57510**	**174349**	**83399**
9400	6900		
		120999	70049
121524	33024	43350	7350
6300	6300		
10028	6386	10000	6000
4900	4900		
3000	**1800**		
3000	1800		
158355	**121741**	**126560**	**52410**
		124560	50410
158355	121741	2000	2000

4-30 各地区牧区分种类

地 区	饲草种类	生产面积	干草平均产量	干草总产量
合 计		192.91	634	1222155
内蒙古		104.07	720	749792
	青贮玉米	2.50	700	17500
	饲用燕麦	18.83	1097	206622
	紫花苜蓿	82.74	635	525670
黑龙江		13.57	286	38857
	青贮玉米	0.30	784	2352
	羊草	4.97	150	7455
	紫花苜蓿	8.30	350	29050
四 川		2.08	535	11136
	老芒麦	0.74	280	2072
	披碱草	0.28	490	1382
	青贮玉米	0.01	1224	122
	饲用燕麦	1.05	720	7560
西 藏		2.16	285	6150
	饲用燕麦	2.16	285	6150
甘 肃		10.49	768	80517
	饲用燕麦	1.13	625	7061
	紫花苜蓿	9.36	785	73456
青 海		40.23	447	179915
	披碱草	6.66	142	9459
	青贮玉米	1.72	2229	38248
	饲用燕麦	19.89	556	110524
	早熟禾	5.45	117	6373
	紫花苜蓿	2.49	416	10364
	其他多年生饲草	4.02	123	4947
宁 夏		0.38	800	3040
	紫花苜蓿	0.38	800	3040
新 疆		19.93	766	152747
	青贮玉米	4.08	1555	63492
	紫花苜蓿	15.85	563	89255

商品草生产情况

单位：万亩、千克/亩、吨

商品干草产量	商品干草销售量	商品青贮量	青贮销售量
816382	659110	274175	147225
531860	468650	82500	70500
		52500	52500
21600	21600		
510260	447050	30000	18000
36505	36505	7840	7840
		7840	7840
7455	7455		
29050	29050		
5652	4880	124	124
2072	1300	2	2
1380	1380		
		122	122
2200	2200		
47	47		
47	47		
12561	6965		
7061	2965		
5500	4000		
139502	53010	73301	18351
9400	6900		
		55951	5001
108874	28524	7350	7350
6300	6300		
10028	6386	10000	6000
4900	4900		
3000	1800		
3000	1800		
87255	87253	110410	50410
		108410	48410
87255	87253	2000	2000

4-31 各地区半牧区分种类

地　区	饲草种类	生产面积	干草平均产量	干草总产量
合　计		488.72	529	2585044
河　北		12.36	490	60551
	草木樨	0.22	405	891
	青贮玉米	4.20	771	32400
	饲用燕麦	6.94	350	24260
	其他一年生饲草	1.00	300	3000
山　西		2.68	625	16760
	饲用燕麦	2.00	260	5200
	紫花苜蓿	0.68	1700	11560
内蒙古		77.86	1085	845167
	草谷子	1.20	290	3480
	青贮玉米	34.80	1622	564300
	饲用燕麦	12.68	750	95130
	紫花苜蓿	29.18	625	182257
辽　宁		13.88	734	101904
	青贮玉米	13.88	734	101904
吉　林		47.17	171	80472
	饲用大麦	0.35	490	1695
	羊草	41.00	87	35550
	紫花苜蓿	5.82	742	43226
黑龙江		171.69	136	232741
	青贮玉米	0.07	810	527
	羊草	171.08	135	230510

商品草生产情况

单位：万亩、千克/亩、吨

商品干草产量	商品干草销售量	商品青贮量	青贮销售量
1650032	1481329	1820339	356428
21520	21020	134533	121356
820	820		
		102000	100690
20700	20200	32533	20666
3000	3000		
3000	3000		
773936	674586	1011001	71000
3480	2080		
558000	473000	951000	26000
72631	70631	15001	
139825	128875	45000	45000
		290545	
		290545	
61400	59400	110379	38379
		10379	10379
30400	29400		
31000	30000	100000	28000
218311	216311	1668	
		1668	
218311	216311		

4-31 各地区半牧区分种类

地 区	饲草种类	生产面积	干草平均产量	干草总产量
四 川	紫花苜蓿	0.55	310	1705
		4.16	**1626**	**67660**
	多花黑麦草	0.10	1200	1200
	毛苕子（非绿肥）	0.50	1250	6250
	青贮玉米	1.50	1473	22100
	其他多年生饲草	0.06	1850	1110
	其他一年生饲草	2.00	1850	37000
西 藏		**1.68**	**246**	**4115**
	披碱草	0.13	316	395
	饲用小黑麦	0.60	220	1320
	饲用燕麦	0.95	253	2400
甘 肃		**138.71**	**739**	**1025528**
	红三叶	0.10	800	800
	猫尾草	10.00	600	60000
	青贮玉米	10.32	1109	114420
	饲用燕麦	34.38	697	239666
	紫花苜蓿	83.91	728	610642
青 海		**4.84**	**962**	**46602**
	青贮玉米	1.38	1900	26296
	饲用燕麦	3.46	587	20306
新 疆		**13.69**	**756**	**103544**
	青贮玉米	1.71	950	16264
	紫花苜蓿	11.98	729	87280

商品草生产情况（续）

单位：万亩、千克/亩、吨

商品干草产量	商品干草销售量	商品青贮量	青贮销售量
10700	**4350**	**31320**	**31000**
800	500		
5200	2800		
		31000	31000
200	50		
4500	1000	320	
3165	**2874**		
395	395		
1050	800		
1720	1679		
474250	**460800**	**123695**	**27645**
38000	38000		
17250	7000	123595	27565
206800	206100	100	80
212200	209700		
12650	**4500**	**101048**	**65048**
		65048	65048
12650	4500	36000	
71100	**34488**	**16150**	**2000**
		16150	2000
71100	34488		

第五部分

农闲田利用统计

一、农闲田面积情况

5-1　全国及牧区半牧区农闲田面积情况

单位：万亩

指标		全国	牧区半牧区	牧区	半牧区
可利用面积	合　计	**9150.79**	**603.65**	**160.68**	**442.97**
	冬闲田	4912.76	358.18	111.60	246.58
	夏秋闲田	1733.74	111.62	31.07	80.55
	果园隙地	1072.85	49.57	1.00	48.57
	四边地	774.17	34.98	11.00	23.98
	其他	657.27	49.30	6.01	43.29
已种草面积	合　计	**1247.52**	**224.36**	**84.98**	**139.38**
	冬闲田	477.88	111.08	44.27	66.81
	夏秋闲田	455.75	63.60	30.07	33.53
	果园隙地	83.02	15.92		15.92
	四边地	71.62	13.32	8.00	5.32
	其他	159.25	20.45	2.64	17.81

5-2 各地区农闲田

地 区	农闲田可利用面积	冬闲田	夏秋闲田	果园隙地	四边地	其他
合 计	9150.79	4912.76	1733.64	1072.46	774.17	657.27
河 北	48.12	29.75	14.63	0.40	1.02	2.32
山 西	61.92	23.97	9.17	20.38	5.80	2.60
内蒙古	99.80	60.00	23.80	5.00	6.00	5.00
辽 宁	2.78		0.20			2.58
吉 林	1.21	0.00			1.20	0.00
江 苏	8.15	1.51	1.29	2.60	2.20	0.55
安 徽	349.68	222.33	35.72	41.21	39.32	11.10
福 建	226.80	125.90	34.36	28.99	31.86	5.69
江 西	930.82	732.55	77.92	65.02	31.05	24.27
山 东	72.94	19.86	30.26	6.14	2.29	14.39
河 南	28.87	22.08	3.97	0.65	0.55	1.62
湖 北	545.02	277.39	90.34	69.64	57.67	49.98
湖 南	1259.20	737.44	246.60	141.55	71.35	62.24
广 东	364.22	235.49	19.22	47.80	28.21	33.50
广 西	1071.60	671.02	159.24	171.25	42.60	26.89
海 南	2.45		0.32	0.90		1.23
重 庆	524.94	272.00	99.39	80.69	46.77	26.10
四 川	1213.90	613.13	166.69	174.06	137.75	122.29
贵 州	311.01	180.10	57.35	28.04	16.20	29.32
云 南	1010.03	500.76	235.04	95.20	71.56	107.47
西 藏	1.08		0.58			0.50
陕 西	241.44	80.49	75.10	41.60	18.24	26.01
甘 肃	276.02	35.61	154.53	22.56	18.17	45.14
青 海	39.37	5.76	26.92	0.50	1.14	5.05
宁 夏	177.93	62.19	74.19	0.38	5.37	35.80
新 疆	270.63	3.00	91.14	25.08	137.67	13.74
新疆兵团	10.87		5.78	3.20	0.18	1.71

面积情况

单位：万亩

农闲田已种草面积	冬闲田	夏秋闲田	果园隙地	四边地	其他
1247.52	**477.88**	**455.75**	**83.02**	**71.62**	**159.25**
0.82		0.34	0.12	0.20	0.15
2.99	0.78	1.82	0.07	0.25	0.07
10.63		10.63			
2.62		0.04			2.58
0.46		0.00		0.46	0.00
2.10	0.12	0.84	0.41	0.55	0.18
7.81	2.24	2.71	0.53	0.29	2.05
1.91	1.23	0.35	0.10	0.13	0.11
32.59	18.90	3.25	3.06	2.15	5.23
1.19	0.33	0.42			0.44
2.21	0.12	0.76	0.14		1.20
39.10	18.85	12.96	2.10	2.88	2.30
47.02	20.54	9.07	6.53	4.71	6.17
6.08	2.60		0.08	2.09	1.33
8.12	3.40	1.16	0.87	1.03	1.48
14.55	4.15	4.17	0.80	2.40	3.02
258.66	156.55	37.23	17.58	27.26	20.04
88.43	52.62	20.13	3.66	2.35	9.67
366.13	181.97	104.05	19.62	17.20	43.29
0.500		0.50			
32.02	2.32	24.00	1.80	1.24	2.67
100.38	1.09	80.40	3.49	3.18	12.21
28.90	5.10	22.61		1.14	0.05
84.54	4.97	47.76	0.04	0.46	31.31
103.72		68.19	21.35	1.59	12.59
4.05		2.36	0.69	0.08	0.93

5-3 各地区牧区半牧区

地　区	农闲田可利用面积	冬闲田	夏秋闲田	果园隙地	四边地	其他
合　计	603.65	358.18	111.62	49.57	34.98	49.30
河　北	1.04		0.80		0.12	0.12
内蒙古	74.50	60.00	2.50	5.00	6.00	1.00
辽　宁	2.58					2.58
吉　林	0.00	0.00				
四　川	380.87	275.80	36.35	30.28	20.28	18.16
云　南	21.47	16.38	1.24	0.79	3.06	
西　藏	0.93		0.58			0.35
甘　肃	76.77		61.17	0.70	0.50	14.40
宁　夏	21.37	3.00	4.48		3.52	10.37
新　疆	24.12	3.00	4.50	12.80	1.50	2.32

5-4 各地区牧区

地　区	农闲田可利用面积	冬闲田	夏秋闲田	果园隙地	四边地	其他
合　计	160.68	111.60	31.07	1.00	11.00	6.01
内蒙古	60.00	60.00				
四　川	67.15	51.60	1.05	1.00	11.00	2.50
甘　肃	31.92		30.02			1.90
宁　夏	0.37					0.37
新　疆	1.24					1.24

农闲田面积情况

单位：万亩

农闲田已种草面积	冬闲田	夏秋闲田	果园隙地	四边地	其他
224.36	**111.08**	**63.60**	**15.92**	**13.32**	**20.45**
0.42		0.22		0.10	0.10
0.50		0.50			
2.58					2.58
132.99	100.94	14.54	3.71	9.82	3.99
13.74	10.14	1.04	0.21	2.35	
0.50		0.50			
49.65		45.80			3.85
8.41					8.41
15.57		1.00	12.00	1.05	1.52

农闲田面积情况

单位：万亩

农闲田已种草面积	冬闲田	夏秋闲田	果园隙地	四边地	其他
84.98	**44.27**	**30.07**		**8.00**	**2.64**
52.35	44.27	0.05		8.00	0.03
31.02		30.02			1.00
0.37					0.37
1.24					1.24

5-5　各地区半牧区

地　区	农闲田可利用面积	冬闲田	夏秋闲田	果园隙地	四边地	其他
合　计	442.97	246.58	80.55	48.57	23.98	43.29
河　北	1.04		0.80		0.12	0.12
内蒙古	14.50		2.50	5.00	6.00	1.00
辽　宁	2.58					2.58
吉　林	0.00	0.00				
四　川	313.72	224.20	35.30	29.28	9.28	15.66
云　南	21.47	16.38	1.24	0.79	3.06	
西　藏	0.93		0.58			0.35
甘　肃	44.85		31.15	0.70	0.50	12.50
宁　夏	21.00	3.00	4.48		3.52	10.00
新　疆	22.88	3.00	4.50	12.80	1.50	1.08

农闲田面积情况

单位：万亩

农闲田已种草面积	冬闲田	夏秋闲田	果园隙地	四边地	其他
139.38	**66.81**	**33.53**	**15.92**	**5.32**	**17.81**
0.42		0.22		0.10	0.10
0.50		0.50			
2.58					2.58
80.64	56.67	14.49	3.71	1.82	3.96
13.74	10.14	1.04	0.21	2.35	
0.50		0.50			
18.63		15.78			2.85
8.04					8.04
14.33		1.00	12.00	1.05	0.28

二、农闲田种草情况

5-6 全国及牧区半牧区分种类农闲田种草情况

单位：万亩

地 区	饲草种类	农闲田种草	冬闲田	夏秋闲田	果园隙地	四边地	其他
全 国		1247.53	477.87	455.75	83.02	71.64	159.25
	白三叶	3.64	0.14	0.06	1.23	0.54	1.67
	臂形草	0.22				0.02	0.20
	冰草	0.18		0.02	0.02	0.06	0.08
	草谷子	4.64		0.60		0.10	3.94
	草木樨	0.72			0.46	0.26	0.01
	多花黑麦草	222.67	156.83	10.65	20.99	19.00	15.21
	多年生黑麦草	20.74	6.97	1.71	4.41	2.93	4.73
	狗尾草	2.51	0.31	0.41	0.19	0.22	1.38
	红豆草	2.90	0.54	0.57	1.05	0.05	0.68
	红三叶	0.14	0.00	0.00	0.10	0.04	0.00
	碱茅	0.00			0.00		
	箭筈豌豆	9.26	3.94	4.64	0.28	0.13	0.27
	菊苣	0.82	0.07	0.11	0.16	0.26	0.23
	聚合草	0.11	0.10		0.00	0.01	
	苦荬菜	1.07	0.06	0.19	0.02	0.06	0.75
	狼尾草	25.74	4.71	2.87	3.26	5.19	9.71
	毛苕子（非绿肥）	165.85	137.65	14.35	9.52	2.91	1.42
	墨西哥类玉米	8.94	0.85	2.89	0.42	1.19	3.60
	牛鞭草	0.10	0.00	0.00	0.01	0.02	0.06

5-6 全国及牧区半牧区分种类农闲田种草情况（续）

单位：万亩

地　区	饲草种类	农闲田种草	冬闲田	夏秋闲田	果园隙地	四边地	其他
	青贮青饲高粱	21.98	0.59	17.35	0.20	1.06	2.78
	青贮玉米	418.40	19.39	272.11	26.68	15.29	84.93
	雀稗	0.20					0.20
	沙打旺	0.20		0.10			0.10
	饲用大麦	14.79	14.11	0.14	0.02	0.41	0.10
	饲用甘蓝	0.20	0.10				0.10
	饲用黑麦	6.18	4.41	0.73	0.40	0.28	0.35
	饲用块根块茎作物	58.37	36.47	11.15	3.48	5.43	1.84
	饲用青稞	2.45	2.25	0.20			
	饲用小黑麦	23.00	15.46	5.90	0.56	0.73	0.34
	饲用燕麦	125.17	32.70	87.48	0.19	1.35	3.46
	苏丹草	12.82	1.67	7.72	0.65	0.87	1.91
	苇状羊茅	0.33			0.04	0.21	0.08
	鸭茅	1.90	0.65	0.00	0.35	0.26	0.65
	早熟禾	0.50	0.20		0.30		
	柱花草	0.64				0.57	0.07
	籽粒苋	0.27			0.03		0.24
	紫花苜蓿	28.05	3.71	5.13	4.91	3.47	10.83
	紫云英（非绿肥）	10.06	8.24	0.22	0.34	0.03	1.22
	其他多年生饲草	11.04	1.63	0.77	0.92	2.79	4.94
	其他一年生饲草	40.71	24.11	7.68	1.86	5.89	1.18

5-6　全国及牧区半牧区分种类农闲田种草情况（续）

单位：万亩

地　区	饲草种类	农闲田种草	冬闲田	夏秋闲田	果园隙地	四边地	其他
牧区半牧区		**224.36**	**111.08**	**63.60**	**15.92**	**13.32**	**20.45**
	白三叶	0.66			0.00	0.02	0.64
	草谷子	3.82					3.82
	多花黑麦草	8.30	4.58	0.34	0.09	3.15	0.14
	多年生黑麦草	0.79			0.15	0.32	0.32
	红豆草	0.28					0.28
	箭筈豌豆	0.80	0.10	0.50			0.20
	狼尾草	0.02				0.02	0.00
	毛苕子（非绿肥）	81.83	68.13	12.00	0.20	0.50	1.00
	青贮青饲高粱	0.95					0.95
	青贮玉米	24.54	0.10	5.99	13.05	1.08	4.32
	饲用大麦	0.22	0.12	0.10			
	饲用块根块茎作物	17.44	14.19	0.42	0.60	2.23	
	饲用青稞	1.64	1.44	0.20			
	饲用小黑麦	2.90		2.90			
	饲用燕麦	51.97	11.42	37.44		0.12	2.99
	苏丹草	1.02					1.02
	紫花苜蓿	5.89			0.63	0.56	4.70
	其他多年生饲草	0.47			0.20	0.21	0.07
	其他一年生饲草	20.84	11.00	3.71	1.00	5.12	0.01
牧　区		**84.98**	**44.27**	**30.07**		**8.00**	**2.64**
	多花黑麦草	7.00	4.00			3.00	
	毛苕子（非绿肥）	24.10	24.10				

5-6　全国及牧区半牧区分种类农闲田种草情况（续）

单位：万亩

地　区	饲草种类	农闲田种草	冬闲田	夏秋闲田	果园隙地	四边地	其他
	青贮玉米	0.03					0.03
	饲用小黑麦	2.90		2.90			
	饲用燕麦	40.58	11.17	27.17			2.24
	紫花苜蓿	0.37					0.37
	其他一年生饲草	10.00	5.00			5.00	
半牧区		139.38	66.81	33.53	15.92	5.32	17.81
	白三叶	0.66			0.00	0.02	0.64
	草谷子	3.82					3.82
	多花黑麦草	1.30	0.58	0.34	0.09	0.15	0.14
	多年生黑麦草	0.79			0.15	0.32	0.32
	红豆草	0.28					0.28
	箭筈豌豆	0.80	0.10	0.50			0.20
	狼尾草	0.02				0.02	
	毛苕子（非绿肥）	57.73	44.03	12.00	0.20	0.50	1.00
	青贮青饲高粱	0.95					0.95
	青贮玉米	24.51	0.10	5.99	13.05	1.08	4.29
	饲用大麦	0.22	0.12	0.10			
	饲用块根块茎作物	17.44	14.19	0.42	0.60	2.23	
	饲用青稞	1.64	1.44	0.20			
	饲用燕麦	11.39	0.25	10.27		0.12	0.75
	苏丹草	1.02					1.02
	紫花苜蓿	5.52			0.63	0.56	4.33
	其他多年生饲草	0.47			0.20	0.21	0.07
	其他一年生饲草	10.84	6.00	3.71	1.00	0.12	0.01

5-7 各地区分种类农闲田种草情况

单位：万亩

地 区	饲草种类	农闲田种草	冬闲田	夏秋闲田	果园隙地	四边地	其他
合 计		1247.53	477.88	455.77	83.02	71.66	159.25
河 北		0.82		0.34	0.12	0.20	0.15
	青贮玉米	0.36		0.14	0.12	0.10	0.00
	饲用燕麦	0.45		0.20	0.00	0.10	0.15
山 西		2.99	0.78	1.82	0.07	0.25	0.07
	青贮玉米	1.68		1.68			
	紫花苜蓿	1.31	0.78	0.14	0.07	0.25	0.07
内蒙古		10.63		10.63			
	饲用块根块茎作物	0.10		0.10			
	饲用燕麦	10.53		10.53			
辽 宁		2.62		0.04			2.58
	青贮玉米	2.62		0.04			2.58
吉 林		0.46				0.46	0.00
	青贮玉米	0.46				0.46	0.00
	紫花苜蓿	0.00				0.00	
江 苏		2.10	0.12	0.84	0.41	0.55	0.18
	多花黑麦草	0.39	0.12	0.18	0.03	0.05	0.02
	多年生黑麦草	0.29	0.00	0.00	0.29		
	菊苣	0.00				0.00	
	毛苕子（非绿肥）	0.09			0.09		
	青贮青饲高粱	0.20		0.20			
	青贮玉米	0.30		0.29		0.01	
	饲用块根块茎作物	0.79		0.16		0.47	0.16
	饲用燕麦	0.01	0.01				
	苏丹草	0.01		0.01			

5-7 各地区分种类农闲田种草情况（续）

单位：万亩

地 区	饲草种类	农闲田种草	冬闲田	夏秋闲田	果园隙地	四边地	其他
	其他一年生饲草	0.01			0.00	0.01	
山 东		**1.19**	**0.33**	**0.42**			**0.44**
	青贮玉米	0.50	0.30	0.20			
	饲用燕麦	0.25	0.03	0.22			
	紫花苜蓿	0.44					0.44
安 徽		**7.82**	**2.24**	**2.71**	**0.53**	**0.29**	**2.05**
	白三叶	0.00	0.00				
	多花黑麦草	1.71	1.40	0.05	0.09	0.05	0.13
	多年生黑麦草	0.26	0.10	0.04	0.05	0.03	0.03
	苦荬菜	0.24	0.04				0.20
	狼尾草	0.01					0.01
	墨西哥类玉米	0.04		0.01	0.01	0.01	0.01
	牛鞭草	0.00				0.00	
	青贮青饲高粱	1.19		0.98	0.02	0.02	0.17
	青贮玉米	3.39	0.06	1.54	0.23	0.06	1.50
	饲用大麦	0.14	0.11		0.02	0.01	0.00
	饲用块根块茎作物	0.20			0.10	0.10	
	苏丹草	0.21	0.10	0.10	0.01	0.01	0.00
	紫花苜蓿	0.00	0.00				0.00
	紫云英（非绿肥）	0.41	0.41				
	其他多年生饲草	0.02	0.02				0.00
湖 南		**47.02**	**20.54**	**9.08**	**6.53**	**4.71**	**6.17**
	白三叶	1.23			0.57	0.10	0.56
	多花黑麦草	10.50	6.71	0.37	1.06	1.27	1.10

5-7 各地区分种类农闲田种草情况（续）

单位：万亩

地　区	饲草种类	农闲田种草	冬闲田	夏秋闲田	果园隙地	四边地	其他
	多年生黑麦草	4.97	1.49	0.05	1.04	0.77	1.62
	狗尾草	0.09	0.01	0.01	0.01	0.01	0.05
	红豆草	0.50	0.25		0.25		
	碱茅	0.00					0.00
	苦荬菜	0.02	0.02	0.01	0.00	0.00	
	狼尾草	7.77	3.33	2.31	0.81	0.50	0.81
	墨西哥类玉米	1.42		0.61	0.28	0.20	0.34
	牛鞭草	0.04			0.01	0.01	0.02
	青贮青饲高粱	0.66		0.36	0.03	0.21	0.06
	青贮玉米	5.46	2.63	0.97	0.76	0.65	0.46
	饲用黑麦	0.35	0.18	0.05	0.02	0.05	0.05
	饲用块根块茎作物	0.06			0.03	0.01	0.02
	饲用小黑麦	0.56	0.37		0.05	0.03	0.10
	苏丹草	4.67	0.03	3.89	0.36	0.21	0.18
	鸭茅	0.02					0.02
	紫花苜蓿	2.76	1.29	0.20	0.73	0.41	0.14
	紫云英（非绿肥）	4.37	4.07	0.07	0.19	0.02	0.02
	其他多年生饲草	1.35	0.12	0.11	0.33	0.24	0.56
	其他一年生饲草	0.22	0.05	0.08		0.02	0.07
湖　北		**39.10**	**18.85**	**12.96**	**2.10**	**2.88**	**2.30**
	白三叶	0.05	0.02	0.01	0.01	0.00	0.01
	多花黑麦草	15.85	9.62	1.76	1.46	1.87	1.14
	多年生黑麦草	1.86	1.48	0.20	0.07	0.05	0.06
	狗尾草	0.10				0.02	0.08
	红三叶	0.01	0.00	0.00	0.00	0.00	0.00

5-7　各地区分种类农闲田种草情况（续）

单位：万亩

地区	饲草种类	农闲田种草	冬闲田	夏秋闲田	果园隙地	四边地	其他
	聚合草	0.10	0.10				
	毛苕子（非绿肥）	0.01	0.00	0.00	0.00	0.00	0.00
	墨西哥类玉米	1.17	0.61	0.54	0.00	0.00	0.02
	牛鞭草	0.01	0.00	0.00	0.00	0.00	0.00
	青贮青饲高粱	0.41	0.16	0.24	0.01		
	青贮玉米	11.37	2.47	7.80	0.24	0.45	0.41
	饲用大麦	0.40	0.20			0.20	
	饲用甘蓝	0.20	0.10				0.10
	饲用黑麦	1.36	1.32			0.02	0.02
	饲用块根块茎作物	0.15	0.02	0.10			0.03
	饲用小黑麦	0.00					0.00
	苏丹草	4.17	1.54	1.80	0.24	0.20	0.39
	鸭茅	0.00	0.00	0.00	0.00	0.00	
	紫花苜蓿	0.65	0.29	0.24	0.04	0.05	0.03
	紫云英（非绿肥）	0.77	0.66	0.10	0.00	0.00	0.00
	其他多年生饲草	0.34	0.15	0.16	0.02	0.00	0.00
	其他一年生饲草	0.12	0.12	0.00		0.00	0.00
河南		**2.21**	**0.12**	**0.76**	**0.14**		**1.20**
	多花黑麦草	0.00	0.00				
	狼尾草	0.01	0.01				
	青贮玉米	0.70		0.70			
	紫云英（非绿肥）	1.48	0.10	0.05	0.14		1.20
	其他多年生饲草	0.01		0.01			
江西		**32.59**	**18.90**	**3.25**	**3.06**	**2.15**	**5.23**
	多花黑麦草	19.93	16.82	0.02	0.81	1.12	1.16

5-7 各地区分种类农闲田种草情况（续）

单位：万亩

地　区	饲草种类	农闲田种草	冬闲田	夏秋闲田	果园隙地	四边地	其他
	苦荬菜	0.50					0.50
	狼尾草	3.47			0.67	0.47	2.33
	墨西哥类玉米	0.41		0.11	0.06	0.02	0.22
	青贮青饲高粱	1.00	0.10	0.39	0.05	0.28	0.18
	青贮玉米	4.96		2.68	1.46	0.24	0.59
	饲用黑麦	0.01	0.01				
	饲用燕麦	0.16	0.16				
	苏丹草	0.05		0.05			
	籽粒苋	0.24					0.24
	紫花苜蓿	0.03			0.01	0.01	0.02
	紫云英（非绿肥）	1.83	1.81		0.01	0.01	0.00
福　建		**1.91**	**1.23**	**0.35**	**0.10**	**0.13**	**0.11**
	多花黑麦草	0.60	0.54		0.02	0.03	0.01
	狗尾草	0.10			0.04	0.04	0.01
	狼尾草	0.01			0.00	0.00	0.01
	墨西哥类玉米	0.10		0.07	0.01	0.01	0.01
	青贮玉米	0.27		0.27			
	饲用黑麦	0.15	0.04		0.02	0.04	0.06
	饲用小黑麦	0.02			0.01	0.00	0.01
	紫云英（非绿肥）	0.65	0.65				
广　东		**6.08**	**2.60**		**0.08**	**2.09**	**1.33**
	多花黑麦草	3.41	2.27		0.08	0.45	0.62
	狗尾草	0.55					0.55
	狼尾草	1.00				0.90	0.10
	墨西哥类玉米	0.23				0.23	

5-7　各地区分种类农闲田种草情况（续）

单位：万亩

地　区	饲草种类	农闲田种草	冬闲田	夏秋闲田	果园隙地	四边地	其他
广　西	饲用黑麦	0.07	0.02				0.05
	柱花草	0.52				0.52	
	紫云英（非绿肥）	0.31	0.31				
		8.12	**3.40**	**1.16**	**0.87**	**1.03**	**1.67**
	多花黑麦草	2.86	2.40	0.02	0.25	0.08	0.10
	多年生黑麦草	0.20	0.01	0.00	0.11	0.02	0.06
	狗尾草	0.04			0.02	0.01	0.01
	苦荬菜	0.05			0.02	0.02	0.01
	狼尾草	0.94	0.05		0.29	0.27	0.33
	毛苕子（非绿肥）	0.56	0.40			0.16	
	墨西哥类玉米	0.28		0.13	0.01	0.13	0.02
	青贮玉米	2.17	0.01	0.95	0.06	0.19	0.97
	饲用黑麦	0.00	0.00				
	饲用块根块茎作物	0.57	0.50	0.06			0.01
	柱花草	0.12				0.05	0.07
	紫花苜蓿	0.00					0.00
	其他多年生饲草	0.29	0.01		0.10	0.09	0.09
	其他一年生饲草	0.03	0.02			0.01	
四　川		**258.66**	**156.55**	**37.23**	**17.58**	**27.26**	**20.04**
	白三叶	1.14			0.17	0.17	0.80
	多花黑麦草	82.65	57.74	0.43	10.90	9.51	4.06
	多年生黑麦草	4.38			1.11	1.13	2.14
	红三叶	0.04			0.04	0.00	0.00
	箭筈豌豆	0.60	0.10	0.50			
	菊苣	0.38			0.09	0.14	0.15

5-7 各地区分种类农闲田种草情况（续）

地　区	饲草种类	农闲田种草	冬闲田	夏秋闲田	果园隙地	四边地	其他
	苦荬菜	0.26		0.18	0.00	0.04	0.04
	狼尾草	1.46			0.06	0.70	0.70
	毛苕子（非绿肥）	78.80	64.54	12.00	0.70	0.50	1.06
	墨西哥类玉米	2.46	0.03	1.42	0.04	0.59	0.38
	牛鞭草	0.01				0.01	
	青贮青饲高粱	1.66		1.19	0.02	0.37	0.09
	青贮玉米	29.80		12.55	2.05	6.79	8.41
	饲用大麦	0.10					0.10
	饲用黑麦	0.48	0.42			0.07	
	饲用块根块茎作物	20.31	10.86	7.15	0.59	1.01	0.70
	饲用燕麦	11.67	11.49	0.05		0.06	0.08
	苏丹草	1.91		1.23	0.03	0.32	0.32
	苇状羊茅	0.11			0.01	0.03	0.07
	鸭茅	0.04			0.02	0.00	0.02
	籽粒苋	0.03			0.03		
	紫花苜蓿	0.97			0.38	0.22	0.37
	紫云英（非绿肥）	0.23	0.23				
	其他多年生饲草	1.21			0.30	0.47	0.44
	其他一年生饲草	17.95	11.15	0.52	1.03	5.14	0.11
重　庆		14.55	4.15	4.17	0.80	2.40	3.02
	白三叶	0.19			0.07	0.08	0.04
	多花黑麦草	4.26	2.77		0.47	0.93	0.10
	多年生黑麦草	0.10			0.01	0.03	0.06
	狗尾草	0.00				0.00	

5-7　各地区分种类农闲田种草情况（续）

单位：万亩

地　区	饲草种类	农闲田种草	冬闲田	夏秋闲田	果园隙地	四边地	其他
	红三叶	0.10			0.06	0.04	
	菊苣	0.02				0.02	
	聚合草	0.00			0.00		
	狼尾草	0.14			0.01	0.10	0.03
	墨西哥类玉米	0.01		0.00		0.00	
	青贮青饲高粱	1.47		0.88		0.02	0.58
	青贮玉米	3.06		1.49		0.05	1.53
	饲用黑麦	0.18	0.09		0.03	0.05	0.01
	饲用块根块茎作物	4.57	1.29	1.71	0.13	0.83	0.61
	苏丹草	0.21		0.09	0.01	0.11	
	苇状羊茅	0.16				0.16	
	紫花苜蓿	0.05			0.01	0.00	0.05
	紫云英（非绿肥）	0.00	0.00				
	其他多年生饲草	0.03					0.03
贵　州		**88.43**	**52.62**	**20.13**	**3.66**	**2.35**	**9.67**
	白三叶	0.60	0.12	0.04	0.32	0.05	0.09
	多花黑麦草	31.73	26.58	0.78	0.79	0.30	3.29
	多年生黑麦草	5.64	3.44	0.82	0.73	0.38	0.28
	狗尾草	0.25	0.20	0.05			0.00
	箭筈豌豆	3.65	3.58				0.07
	菊苣	0.29	0.04	0.04	0.06	0.09	0.07
	狼尾草	4.79	1.10	0.09	0.41	0.21	2.98
	毛苕子（非绿肥）	0.06	0.06				
	牛鞭草	0.04					0.04

5-7　各地区分种类农闲田种草情况（续）

地　区	饲草种类	农闲田种草	冬闲田	夏秋闲田	果园隙地	四边地	其他
	青贮青饲高粱	7.31	0.33	6.79	0.05		0.14
	青贮玉米	12.77	1.31	10.07	0.08	0.11	1.19
	饲用黑麦	1.55	1.22	0.12	0.01	0.02	0.17
	饲用小黑麦	2.06	1.05	1.00	0.00	0.00	0.01
	饲用燕麦	1.19	1.19				
	苇状羊茅	0.01			0.01		
	鸭茅	0.20	0.15		0.05		
	紫花苜蓿	1.02	0.23	0.11	0.30	0.19	0.18
	其他多年生饲草	3.23	0.99	0.23	0.05	0.81	1.16
	其他一年生饲草	12.03	11.03		0.80	0.20	
云　南		**366.13**	**181.97**	**104.05**	**19.62**	**17.20**	**43.29**
	白三叶	0.43	0.01	0.01	0.09	0.15	0.17
	臂形草	0.22				0.02	0.20
	多花黑麦草	48.62	29.76	7.04	5.03	3.32	3.47
	多年生黑麦草	2.02	0.40	0.16	0.67	0.52	0.27
	狗尾草	1.37	0.10	0.35	0.11	0.13	0.68
	箭筈豌豆	0.21	0.21				
	菊苣	0.13	0.03	0.07	0.01	0.01	0.01
	狼尾草	6.13	0.21	0.47	1.00	2.04	2.42
	毛苕子（非绿肥）	86.08	72.64	2.10	8.73	2.25	0.36
	墨西哥类玉米	2.81	0.21				2.60
	青贮青饲高粱	0.05		0.05			
	青贮玉米	123.54	9.43	82.95	0.99	2.91	27.26
	雀稗	0.20					0.20

5-7　各地区分种类农闲田种草情况（续）

单位：万亩

地　区	饲草种类	农闲田种草	冬闲田	夏秋闲田	果园隙地	四边地	其他
	饲用大麦	14.14	13.80	0.14		0.20	
	饲用黑麦	1.61	0.73	0.56	0.32		
	饲用块根块茎作物	29.86	23.81	1.67	1.07	3.01	0.31
	饲用青稞	2.45	2.25	0.20			
	饲用小黑麦	12.85	9.43	2.00	0.50	0.70	0.22
	饲用燕麦	21.65	15.92	5.52	0.04	0.05	0.13
	苏丹草	0.00	0.00				
	苇状羊茅	0.05			0.02	0.02	0.01
	鸭茅	1.64	0.50		0.28	0.26	0.61
	紫花苜蓿	2.48	0.46	0.23	0.64	0.42	0.73
	其他多年生饲草	4.57	0.35	0.25	0.12	1.19	2.65
	其他一年生饲草	3.04	1.74	0.30			1.00
西　藏		**0.50**		**0.50**			
	饲用燕麦	0.50		0.50			
陕　西		**32.02**	**2.32**	**24.00**	**1.80**	**1.24**	**2.67**
	草木樨	0.20			0.20		
	多花黑麦草	0.15	0.12		0.03	0.00	
	多年生黑麦草	0.02	0.00		0.01	0.01	
	聚合草	0.01				0.01	
	青贮青饲高粱	0.07		0.05		0.02	
	青贮玉米	28.85	1.80	23.53	1.00	0.40	2.12
	沙打旺	0.20		0.10			0.10
	饲用黑麦	0.06	0.03			0.03	
	饲用燕麦	0.30	0.20		0.10		

5-7 各地区分种类农闲田种草情况（续）

单位：万亩

地 区	饲草种类	农闲田种草	冬闲田	夏秋闲田	果园隙地	四边地	其他
	紫花苜蓿	1.65	0.17	0.31	0.46	0.26	0.44
	其他多年生饲草	0.01		0.01			0.00
	其他一年生饲草	0.50				0.50	
甘 肃		**100.38**	**1.09**	**80.40**	**3.49**	**3.18**	**12.21**
	白三叶	0.01			0.00	0.00	
	冰草	0.18		0.02	0.02	0.06	0.08
	草谷子	1.67		0.50		0.10	1.07
	草木樨	0.44			0.17	0.26	0.01
	多年生黑麦草	1.01	0.06	0.44	0.30	0.00	0.20
	红豆草	2.12	0.29	0.57	0.80	0.05	0.40
	箭筈豌豆	4.80	0.05	4.14	0.28	0.13	0.20
	毛苕子（非绿肥）	0.25		0.25			
	青贮青饲高粱	0.94		0.78	0.01	0.15	
	青贮玉米	28.68		20.64	0.31	1.98	5.75
	饲用块根块茎作物	0.20		0.20			
	饲用小黑麦	2.90		2.90			
	饲用燕麦	43.77		41.86	0.05		1.86
	苏丹草	0.02				0.01	0.01
	早熟禾	0.50	0.20		0.30		
	紫花苜蓿	7.96	0.49	3.17	1.22	0.44	2.63
	其他一年生饲草	4.95		4.93	0.02		
青 海		**28.90**	**5.10**	**22.61**		**1.14**	**0.05**
	青贮玉米	5.85	1.39	4.41			0.05
	饲用燕麦	23.05	3.71	18.20		1.14	

5-7 各地区分种类农闲田种草情况（续）

单位：万亩

地 区	饲草种类	农闲田种草	冬闲田	夏秋闲田	果园隙地	四边地	其他
宁 夏		**84.54**	**4.97**	**47.76**	**0.04**	**0.46**	**31.31**
	草谷子	2.97		0.10			2.87
	青贮青饲高粱	0.95					0.95
	青贮玉米	57.01		35.61			21.40
	饲用黑麦	0.36	0.36				
	饲用小黑麦	4.61	4.61				
	饲用燕麦	9.70		9.70			
	苏丹草	1.57		0.55			1.02
	紫花苜蓿	5.57			0.04	0.46	5.07
	其他一年生饲草	1.80		1.80			
新 疆		**103.72**		**68.19**	**21.35**	**1.59**	**12.59**
	红豆草	0.28					0.28
	青贮青饲高粱	6.08		5.46			0.62
	青贮玉米	92.62		62.11	19.38	0.91	10.23
	饲用块根块茎作物	1.56			1.56		
	饲用燕麦	1.24					1.24
	紫花苜蓿	1.94		0.62	0.42	0.69	0.22
新疆兵团		**4.05**		**2.36**	**0.69**	**0.08**	**0.93**
	草木樨	0.09			0.09		
	青贮玉米	1.97		1.49			0.48
	饲用燕麦	0.70		0.70			
	紫花苜蓿	1.24		0.12	0.60	0.08	0.45
	其他一年生饲草	0.06		0.06			

5-8 各地区牧区半牧区分种类农闲田种草情况

单位：万亩

地 区	饲草种类	农闲田种草	冬闲田	夏秋闲田	果园隙地	四边地	其他
合 计		224.36	111.08	63.60	15.92	13.32	20.45
河 北		0.42		0.22		0.10	0.10
	青贮玉米	0.02		0.02			
	饲用燕麦	0.40		0.20		0.10	0.10
内蒙古		0.50		0.50			
	饲用燕麦	0.50		0.50			
辽 宁		2.58					2.58
	青贮玉米	2.58					2.58
四 川		132.99	100.94	14.54	3.71	9.82	3.99
	白三叶	0.66			0.00	0.02	0.64
	多花黑麦草	8.18	4.53	0.30	0.06	3.15	0.14
	多年生黑麦草	0.79			0.15	0.32	0.32
	箭筈豌豆	0.60	0.10	0.50			
	狼尾草	0.02				0.02	
	毛苕子（非绿肥）	78.14	64.44	12.00	0.20	0.50	1.00
	青贮玉米	5.15		1.19	1.85	0.37	1.74
	饲用块根块茎作物	9.50	9.50				
	饲用燕麦	11.44	11.37	0.05		0.02	
	紫花苜蓿	0.43			0.25	0.10	0.08
	其他多年生饲草	0.47			0.20	0.21	0.07
	其他一年生饲草	17.63	11.00	0.50	1.00	5.12	0.01
云 南		13.74	10.14	1.04	0.21	2.35	
	多花黑麦草	0.12	0.05	0.04	0.03		
	毛苕子（非绿肥）	3.69	3.69				
	青贮玉米	0.28	0.10	0.18			

5-8　各地区牧区半牧区分种类农闲田种草情况（续）

单位：万亩

地区	饲草种类	农闲田种草	冬闲田	夏秋闲田	果园隙地	四边地	其他
	饲用大麦	0.22	0.12	0.10			
	饲用块根块茎作物	7.34	4.69	0.42		2.23	
	饲用青稞	1.64	1.44	0.20			
	饲用燕麦	0.15	0.05	0.10			
	紫花苜蓿	0.30			0.18	0.12	
甘　肃		**49.65**		**45.80**			**3.85**
	草谷子	0.95					0.95
	箭筈豌豆	0.20					0.20
	青贮玉米	3.60		3.60			
	饲用小黑麦	2.90		2.90			
	饲用燕麦	37.74		36.09			1.65
	紫花苜蓿	1.05					1.05
	其他一年生饲草	3.21		3.21			
西　藏		**0.50**		**0.50**			
	饲用燕麦	0.50		0.50			
宁　夏		**8.41**					**8.41**
	草谷子	2.87					2.87
	青贮青饲高粱	0.95					0.95
	苏丹草	1.02					1.02
	紫花苜蓿	3.57					3.57
新　疆		**15.57**		**1.00**	**12.00**	**1.05**	**1.52**
	红豆草	0.28					0.28
	青贮玉米	12.91		1.00	11.20	0.71	
	饲用块根块茎作物	0.60			0.60		
	饲用燕麦	1.24					1.24
	紫花苜蓿	0.54			0.20	0.34	

5-9 各地区牧区分种类农闲田种草情况

单位：万亩

地 区	饲草种类	农闲田种草	冬闲田	夏秋闲田	果园隙地	四边地	其他
合 计		84.98	44.27	30.07		8.00	2.64
四 川		52.35	44.27	0.05		8.00	0.03
	多花黑麦草	7.00	4.00			3.00	
	毛苕子（非绿肥）	24.10	24.10				
	青贮玉米	0.03					0.03
	饲用燕麦	11.22	11.17	0.05			
	其他一年生饲草	10.00	5.00			5.00	
甘 肃		31.02		30.02			1.00
	饲用小黑麦	2.90		2.90			
	饲用燕麦	28.12		27.12			1.00
宁 夏		0.37					0.37
	紫花苜蓿	0.37					0.37
新 疆		1.24					1.24
	饲用燕麦	1.24					1.24

5-10 各地区半牧区分种类农闲田种草情况

单位：万亩

地 区	饲草种类	农闲田种草	冬闲田	夏秋闲田	果园隙地	四边地	其他
合 计		139.38	66.81	33.53	15.92	5.32	17.81
河 北		0.42		0.22		0.10	0.10
	青贮玉米	0.02		0.02			
	饲用燕麦	0.40		0.20		0.10	0.10
内蒙古		0.50		0.50			

5-10　各地区半牧区分种类农闲田种草情况（续）

单位：万亩

地　区	饲草种类	农闲田种草	冬闲田	夏秋闲田	果园隙地	四边地	其他
辽　宁	饲用燕麦	0.50		0.50			
		2.58					**2.58**
	青贮玉米	2.58					2.58
四　川		**80.64**	**56.67**	**14.49**	**3.71**	**1.82**	**3.96**
	白三叶	0.66			0.00	0.02	0.64
	多花黑麦草	1.18	0.53	0.30	0.06	0.15	0.14
	多年生黑麦草	0.79			0.15	0.32	0.32
	箭筈豌豆	0.60	0.10	0.50			
	狼尾草	0.02				0.02	
	毛苕子（非绿肥）	54.04	40.34	12.00	0.20	0.50	1.00
	青贮玉米	5.12		1.19	1.85	0.37	1.71
	饲用块根块茎作物	9.50	9.50				
	饲用燕麦	0.22	0.20			0.02	
	紫花苜蓿	0.43			0.25	0.10	0.08
	其他多年生饲草	0.47			0.20	0.21	0.07
	其他一年生饲草	7.63	6.00	0.50	1.00	0.12	0.01
云　南		**13.74**	**10.14**	**1.04**	**0.21**	**2.35**	**0.00**
	多花黑麦草	0.12	0.05	0.04	0.03		
	毛苕子（非绿肥）	3.69	3.69				
	青贮玉米	0.28	0.10	0.18			
	饲用大麦	0.22	0.12	0.10			
	饲用块根块茎作物	7.34	4.69	0.42		2.23	
	饲用青稞	1.64	1.44	0.20			
	饲用燕麦	0.15	0.05	0.10			
	紫花苜蓿	0.30			0.18	0.12	

5-10 各地区半牧区分种类农闲田种草情况（续）

单位：万亩

地 区	饲草种类	农闲田种草	冬闲田	夏秋闲田	果园隙地	四边地	其他
西 藏		**0.50**		**0.50**			
	饲用燕麦	0.50		0.50			
甘 肃		**18.63**		**15.78**	**0.00**	**0.00**	**2.85**
	草谷子	0.95					0.95
	箭筈豌豆	0.20					0.20
	青贮玉米	3.60		3.60			
	饲用燕麦	9.62		8.97			0.65
	紫花苜蓿	1.05					1.05
	其他一年生饲草	3.21		3.21			
宁 夏		**8.04**					**8.04**
	草谷子	2.87					2.87
	青贮青饲高粱	0.95					0.95
	苏丹草	1.02					1.02
	紫花苜蓿	3.20					3.20
新 疆		**14.33**		**1.00**	**12.00**	**1.05**	**0.28**
	红豆草	0.28					0.28
	青贮玉米	12.91		1.00	11.20	0.71	
	饲用块根块茎作物	0.60			0.60		
	紫花苜蓿	0.54			0.20	0.34	

第六部分

农副资源饲用统计

6-1　全国及牧区半牧区分类别农副资源饲用情况

单位：吨

区　域	类　别	秸秆生产量	饲用量	加工饲用量	非秸秆类饲用量
全　国		296929527	108694200	51619257	16255808
	稻秸	52157620	9098272	2608453	
	麦秸	47193997	13432897	5298429	
	玉米秸	181712259	80670855	41388599	
	其他秸秆	15865651	5492176	2323776	
	饼粕				1064922
	豆渣				441865
	甘蔗梢				2451967
	红薯秧				2934677
	花生秧				3230302
	酒糟				3613328
	其他农副资源				2518747
牧区半牧区		49666652	24007837	13576933	922558
	稻秸	2503091	238585	52877	
	麦秸	2041770	1671254	761149	
	玉米秸	43072964	20960398	12231777	
	其他秸秆	2048827	1137600	531130	
	饼粕				349500
	豆渣				889
	红薯秧				11320

6-1 全国及牧区半牧区分类别农副资源饲用情况（续）

单位：吨

区 域	类 别	秸秆生产量	饲用量	加工饲用量	非秸秆类饲用量
牧 区	花生秧				821
	酒糟				155545
	其他农副资源				404483
		8043781	**6114694**	**1856682**	**90000**
	稻秸	268102	25890		
	麦秸	351148	268916	130701	
	玉米秸	7006914	5610528	1699151	
	其他秸秆	417617	209360	26830	
	其他农副资源				90000
半牧区		**41622871**	**17893143**	**11720251**	**832558**
	稻秸	2234989	212695	52877	
	麦秸	1690622	1402338	630448	
	玉米秸	36066050	15349870	10532626	
	其他秸秆	1631210	928240	504300	
	饼粕				349500
	豆渣				889
	红薯秧				11320
	花生秧				821
	酒糟				155545
	其他农副资源				314483

6-2　各地区分类别农副资源饲用情况

单位：吨

地　区	类　别	秸秆生产量	饲用量	加工饲用量	非秸秆类饲用量
合　计		296929527	108694200	51619257	16255808
河　北		6619036	3228315	2121210	1500
	麦秸	1223813	7000	6000	
	玉米秸	5163398	3085045	2115160	
	其他秸秆	231825	136270	50	
	红薯秧				1500
山　西		325751	186071	28071	32310
	玉米秸	206751	98071	18071	
	其他秸秆	119000	88000	10000	
	其他农副资源				32310
内蒙古		19435554	13549474	7142674	350528
	麦秸	468610	362352	189940	
	玉米秸	17643974	12353947	6392559	
	其他秸秆	1322970	833175	560175	
	饼粕				2000
	其他农副资源				348528
辽　宁		3936982	2714177	1921393	126144
	玉米秸	3936982	2714177	1921393	
	花生秧				126144
吉　林		32890499	11650693	5620536	480000
	稻秸	3713957	904184	540600	
	玉米秸	28425842	10446509	4973936	
	其他秸秆	750700	300000	106000	
	酒糟				480000
黑龙江		30348985	5068834	2339186	578809

6-2　各地区分类别农副资源饲用情况（续）

单位：吨

地区	类别	秸秆生产量	饲用量	加工饲用量	非秸秆类饲用量
	稻秸	4002164	341188	102437	
	麦秸	21100	7584	115	
	玉米秸	25147503	4602090	2180675	
	其他秸秆	1178218	117972	55959	
	饼粕				383431
	豆渣				2931
	酒糟				192447
江　苏		**12955199**	**888339**	**549276**	**132272**
	麦秸	4807100	191203	124214	
	稻秸	6145166	191013	93998	
	玉米秸	1754261	386603	254344	
	其他秸秆	248672	119520	76720	
	饼粕				15100
	红薯秧				6126
	花生秧				59830
	酒糟				26
	其他农副资源				51190
安　徽		**14477667**	**2118537**	**1203567**	**171164**
	稻秸	3460261	317149	115573	
	麦秸	5758866	755016	422658	
	玉米秸	4860661	1023627	663832	
	其他秸秆	397879	22745	1504	
	饼粕				35756
	豆渣				2513
	甘蔗梢				170

6-2　各地区分类别农副资源饲用情况（续）

单位：吨

地 区	类 别	秸秆生产量	饲用量	加工饲用量	非秸秆类饲用量
	红薯秧				76902
	花生秧				9253
	酒糟				1135
	其他农副资源				45435
福　建		**463895**	**9473**	**4110**	**18064**
	稻秸	321800	1030		
	玉米秸	142095	8443	4110	
	豆渣				3234
	红薯秧				12936
	花生秧				1874
	酒糟				4
	其他农副资源				16
江　西		**6034628**	**1080578**	**302362**	**44837**
	稻秸	5931608	1029198	301942	
	玉米秸	3020	1380	420	
	其他秸秆	100000	50000		
	饼粕				412
	豆渣				10440
	甘蔗梢				3120
	红薯秧				5813
	花生秧				19194
	酒糟				5173
	其他农副资源				685
山　东		**15874845**	**5024213**	**2916297**	**388772**
	稻秸	1224299	13601	11320	

6-2 各地区分类别农副资源饲用情况（续）

单位：吨

地 区	类 别	秸秆生产量	饲用量	加工饲用量	非秸秆类饲用量
	麦秸	3331660	1313027	1270940	
	玉米秸	11314386	3696085	1634037	
	其他秸秆	4500	1500		
	饼粕				4227
	豆渣				53
	红薯秧				73581
	花生秧				310011
	酒糟				800
	其他农副资源				100
河 南		**39246963**	**8316594**	**3520865**	**2393759**
	稻秸	185400	79800	12500	
	麦秸	21106333	3658774	810649	
	玉米秸	17690030	4493390	2681516	
	其他秸秆	265200	84630	16200	
	饼粕				750
	豆渣				7660
	红薯秧				68590
	花生秧				2276839
	酒糟				9720
	其他农副资源				30200
湖 北		**4607179**	**1657223**	**698763**	**543194**
	稻秸	1936497	491105	94421	
	麦秸	540970	283863	127300	
	玉米秸	1650295	772028	443630	
	其他秸秆	479417	110227	33412	

6-2 各地区分类别农副资源饲用情况（续）

单位：吨

地 区	类 别	秸秆生产量	饲用量	加工饲用量	非秸秆类饲用量
	豆渣				750
	红薯秧				219616
	花生秧				272328
	酒糟				9300
	其他农副资源				41200
湖 南		**11585889**	**2385616**	**419031**	**882277**
	稻秸	10225369	1786298	308964	
	麦秸	20730	15545	7	
	玉米秸	725945	198431	59147	
	其他秸秆	613845	385342	50913	
	饼粕				277282
	豆渣				41508
	红薯秧				480070
	花生秧				48492
	酒糟				16742
	其他农副资源				18183
广 东		**1808135**	**512436**	**147300**	**154700**
	稻秸	1235125	144290	1675	
	玉米秸	573010	368146	145625	
	豆渣				1
	甘蔗梢				25179
	红薯秧				124630
	花生秧				2890
	其他农副资源				2000
广 西		**6764297**	**1539667**	**354550**	**1762024**

6-2 各地区分类别农副资源饲用情况（续）

单位：吨

地 区	类 别	秸秆生产量	饲用量	加工饲用量	非秸秆类饲用量
	稻秸	2976618	595289	35229	
	麦秸	6340	2100		
	玉米秸	2246791	751168	273536	
	其他秸秆	1534548	191110	45785	
	饼粕				930
	豆渣				26185
	甘蔗梢				1493125
	红薯秧				136029
	花生秧				22968
	酒糟				35715
	其他农副资源				47072
海 南		**1109629**	**178545**	**4643**	**143094**
	稻秸	68594			
	玉米秸	11417	4792	4643	
	其他秸秆	1029618	173753		
	酒糟				30
	其他农副资源				143064
重 庆		**4229313**	**367668**	**94538**	**352897**
	稻秸	2063424	108292	4990	
	麦秸	4903	655		
	玉米秸	2158209	258051	89548	
	其他秸秆	2777	670		
	饼粕				25762
	豆渣				5215

6-2　各地区分类别农副资源饲用情况（续）

单位：吨

地 区	类 别	秸秆生产量	饲用量	加工饲用量	非秸秆类饲用量
四　川	甘蔗梢				2620
	红薯秧				44264
	花生秧				1358
	酒糟				256803
	其他农副资源				16875
		13085329	2907694	1445779	1921338
	稻秸	2652308	565211	155870	
	麦秸	894118	100325	55453	
	玉米秸	6814232	2060805	1160498	
	其他秸秆	2724671	181353	73958	
贵　州	饼粕				17787
	豆渣				26760
	红薯秧				1187144
	花生秧				33046
	酒糟				517029
	其他农副资源				139572
		3682822	1628602	726010	900722
	稻秸	1340552	527404	266054	
	麦秸	21407	3856	134	
	玉米秸	2152244	1052429	451074	
	其他秸秆	168619	44913	8748	
	甘蔗梢				1000
	红薯秧				278557
	花生秧				4050

6-2 各地区分类别农副资源饲用情况（续）

地 区	类 别	秸秆生产量	饲用量	加工饲用量	非秸秆类饲用量
	酒糟				616630
	其他农副资源				485
云 南		**16233579**	**8444450**	**3655878**	**3281698**
	稻秸	2917797	1715259	536004	
	麦秸	973079	626012	350626	
	玉米秸	11171165	5416751	2376941	
	其他秸秆	1171538	686428	392307	
	饼粕				112093
	豆渣				313097
	甘蔗梢				926753
	红薯秧				180934
	花生秧				6466
	酒糟				1430548
	其他农副资源				311807
西 藏		**58405**	**40672**	**10605**	
	麦秸	37195	30067		
	玉米秸	21210	10605	10605	
陕 西		**7828342**	**2995754**	**1576598**	**620150**
	稻秸	401813	51430	3570	
	麦秸	587361	121799	100319	
	玉米秸	6677498	2733575	1448987	
	其他秸秆	161670	88950	23722	
	饼粕				2740
	豆渣				1518

6-2　各地区分类别农副资源饲用情况（续）

单位：吨

地　区	类　别	秸秆生产量	饲用量	加工饲用量	非秸秆类饲用量
	红薯秧				37980
	花生秧				27492
	酒糟				40808
	其他农副资源				509612
甘　肃		**13276252**	**9362112**	**3829323**	**386412**
	稻秸	6650	3900	2400	
	麦秸	1566939	1114250	392088	
	玉米秸	10528576	7591620	3166900	
	其他秸秆	1174087	652342	267935	
	其他农副资源				509612
青　海		**1098521**	**620651**	**304083**	**87085**
	麦秸	596069	257206	147171	
	玉米秸	207045	205656	103227	
	其他秸秆	295407	157789	53685	
	其他农副资源				87085
宁　夏		**3428501**	**2465697**	**411845**	**20000**
	稻秸	174834	114932	70	
	麦秸	320582	220751	26514	
	玉米秸	2913085	2116014	371261	
	其他秸秆	20000	14000	14000	
	其他农副资源				20000
新　疆		**19380724**	**16686584**	**8995667**	**262625**
	稻秸	69346	54651	20150	

6-2 各地区分类别农副资源饲用情况（续）

单位：吨

地 区	类 别	秸秆生产量	饲用量	加工饲用量	非秸秆类饲用量
新疆兵团	麦秸	4321748	3902814	1197987	
	玉米秸	13811379	11944800	7355452	
	其他秸秆	1178251	784319	422078	
	饼粕				170000
	花生秧				4975
	其他农副资源				87650
		4155210	**2947401**	**1242686**	**217998**
黑龙江农垦	稻秸	84147	58919	586	
	麦秸	581774	458458	76074	
	玉米秸	2916500	2168236	1058561	
	其他秸秆	572789	261788	107465	
	饼粕				15635
	红薯秧				5
	花生秧				3092
	其他农副资源				199266
		1987396	**118130**	**32411**	**1435**
	稻秸	1019891	4129	100	
	麦秸	3300	240	240	
	玉米秸	844755	108381	28911	
	其他秸秆	119450	5380	3160	
	饼粕				1017
	酒糟				418

6-3　各地区牧区半牧区分类别农副资源饲用情况

单位：吨

地　区	类　别	秸秆生产量	饲用量	加工饲用量	非秸秆类饲用量
合　计		49666652	24007837	13576933	922558
河　北		622710	598480	117100	
	玉米秸	501550	479000	117100	
	其他秸秆	121160	119480		
山　西		20000	20000		
	其他秸秆	20000	20000		
内蒙古		13622339	8594789	4336289	14208
	麦秸	199830	140752	53340	
	玉米秸	12942964	8188202	4124614	
	其他秸秆	479545	265835	158335	
	其他农副资源				14208
辽　宁		2733212	1826412	1316940	10
	玉米秸	2733212	1826412	1316940	
	花生秧				10
吉　林		8615000	2807700	2183000	
	稻秸	700000	60000		
	玉米秸	7915000	2747700	2183000	
黑龙江		13409954	2134664	1322766	499500
	稻秸	1669506	126400	39200	
	玉米秸	11472166	1972664	1251366	
	其他秸秆	268282	35600	32200	
	饼粕				349500
	酒糟				150000
四　川		1040145	340109	47712	13194
	稻秸	89312	22425	1842	

6-3 各地区牧区半牧区分类别农副资源饲用情况（续）

地　区	类　别	秸秆生产量	饲用量	加工饲用量	非秸秆类饲用量
	麦秸	83301	17113	2909	
	玉米秸	702794	242773	40461	
	其他秸秆	164738	57798	2500	
	豆渣				257
	红薯秧				11320
	酒糟				1045
	其他农副资源				572
云　南		**125843**	**62072**	**9013**	**5132**
	稻秸	6423	4020	75	
	麦秸	32956	18821	838	
	玉米秸	77464	35231	8100	
	其他秸秆	9000	4000		
	豆渣				632
	酒糟				4500
西　藏		**2405**	**2295**		
	麦秸	2405	2295		
甘　肃		**1375972**	**1040507**	**317140**	**273900**
	稻秸	6650	3900	2400	
	麦秸	284717	268887	17630	
	玉米秸	929505	678600	264300	
	其他秸秆	155100	89120	32810	
	其他农副资源				273900
青　海		**336846**	**137939**	**34886**	**25803**
	麦秸	108010	43721	31101	
	玉米秸	100	100	100	

6-3　各地区牧区半牧区分类别农副资源饲用情况（续）

单位：吨

地　区	类　别	秸秆生产量	饲用量	加工饲用量	非秸秆类饲用量
	其他秸秆	228736	94118	3685	
	其他农副资源				25803
宁　夏		**827488**	**619123**	**122123**	**20000**
	麦秸	76010	56862	8862	
	玉米秸	751478	562261	113261	
	其他农副资源				20000
新　疆		**6934738**	**5823747**	**3769964**	**70811**
	稻秸	31200	21840	9360	
	麦秸	1254541	1122803	646469	
	玉米秸	5046731	4227455	2812535	
	其他秸秆	602266	451649	301600	
	花生秧				811
	其他农副资源				70000

6-4　各地区牧区分类别农副资源饲用情况

单位：吨

地　区	类　别	秸秆生产量	饲用量	加工饲用量	非秸秆类饲用量
合　计		**8043781**	**6114694**	**1856682**	**90000**
内蒙古		**3384440**	**3074802**	**325190**	
	麦秸	142240	106680	53340	
	玉米秸	3183855	2926447	263515	
	其他秸秆	58345	41675	8335	
黑龙江		**983700**	**131000**		

6-4 各地区牧区分类别农副资源饲用情况（续）

单位：吨

地 区	类 别	秸秆生产量	饲用量	加工饲用量	非秸秆类饲用量
	稻秸	261400	20000		
	玉米秸	671400	110000		
	其他秸秆	50900	1000		
四 川		**11914**	**8387**		
	稻秸	6702	5890		
	麦秸	122	67		
	玉米秸	5090	2430		
甘 肃		**107992**	**75407**	**33490**	
	麦秸	8967	6987	1180	
	玉米秸	62425	43700	17500	
	其他秸秆	36600	24720	14810	
青 海		**275075**	**125196**	**34786**	
	麦秸	52303	32231	31101	
	其他秸秆	222772	92965	3685	
宁 夏		**340000**	**250000**		**2000**
	玉米秸	340000	250000		
	其他农副资源				20000
新 疆		**2940660**	**2449902**	**1463216**	
	麦秸	147516	122951	45080	
	玉米秸	2744144	2277951	1418136	
	其他秸秆	49000	49000		
	其他农副资源				70000

6-5　各地区半牧区分类别农副资源饲用情况

单位：吨

地　区	类　别	秸秆生产量	饲用量	加工饲用量	非秸秆类饲用量
合　计		41622871	17893143	11720251	832558
河　北		622710	598480	117100	
	玉米秸	501550	479000	117100	
	其他秸秆	121160	119480		
山　西		20000	20000		
	其他秸秆	20000	20000		
内蒙古		10237899	5519987	4011099	14208
	麦秸	57590	34072		
	玉米秸	9759109	5261755	3861099	
	其他秸秆	421200	224160	150000	
	饼粕				
	酒糟				
	其他农副资源				14208
辽　宁		2733212	1826412	1316940	10
	玉米秸	2733212	1826412	1316940	
	花生秧				10
吉　林		8615000	2807700	2183000	
	稻秸	700000	60000		
	玉米秸	7915000	2747700	2183000	
黑龙江		12426254	2003664	1322766	499500
	稻秸	1408106	106400	39200	
	玉米秸	10800766	1862664	1251366	

6-5　各地区半牧区分类别农副资源饲用情况（续）

单位：吨

地　区	类　别	秸秆生产量	饲用量	加工饲用量	非秸秆类饲用量
	其他秸秆	217382	34600	32200	
	饼粕				349500
	酒糟				150000
四　川		**1028231**	**331722**	**47712**	**13194**
	稻秸	82610	16535	1842	
	麦秸	83179	17046	2909	
	玉米秸	697704	240343	40461	
	其他秸秆	164738	57798	2500	
	豆渣				257
	红薯秧				11320
	酒糟				1045
	其他农副资源				572
云　南		**125843**	**62072**	**9013**	**5132**
	稻秸	6423	4020	75	
	麦秸	32956	18821	838	
	玉米秸	77464	35231	8100	
	其他秸秆	9000	4000		
	豆渣				632
	酒糟				4500
西　藏		**2405**	**2295**		

6-5　各地区半牧区分类别农副资源饲用情况（续）

单位：吨

地　区	类　别	秸秆生产量	饲用量	加工饲用量	非秸秆类饲用量
	麦秸	2405	2295		
甘　肃		**1267980**	**965100**	**283650**	**273900**
	稻秸	6650	3900	2400	
	麦秸	275750	261900	16450	
	玉米秸	867080	634900	246800	
	其他秸秆	118500	64400	18000	
	其他农副资源				273900
青　海		**61771**	**12743**	**100**	**25803**
	麦秸	55707	11490		
	玉米秸	100	100	100	
	其他秸秆	5964	1153		
	其他农副资源				25803
宁　夏		**487488**	**369123**	**122123**	
	麦秸	76010	56862	8862	
	玉米秸	411478	312261	113261	
新　疆		**3994078**	**3373845**	**2306748**	**811**
	稻秸	31200	21840	9360	
	麦秸	1107025	999852	601389	
	玉米秸	2302587	1949504	1394399	
	其他秸秆	553266	402649	301600	
	花生秧				811

第七部分

草产品加工企业统计

7-1 全国及牧区半牧区分种类

区域	饲草种类	企业数量	干草生产量	草捆	草块
全国		1646	3559200	2528869	171229
	多年生合计	564	2139391	1408703	55516
	多年生黑麦草	10	26283	24288	1204
	狗尾草	2			
	菊苣	1	800	800	
	狼尾草	47	35804	30110	3782
	老芒麦	1	1759	1759	
	猫尾草	7	16890	16265	
	牛鞭草	1	32850	32850	
	披碱草	7	13487	13487	
	羊草	12	75890	66170	7720
	早熟禾	1	654	654	
	紫花苜蓿	421	1874137	1174407	42807
	其他多年生饲草	58	60837	47913	3
	一年生合计	1190	1419809	1120166	115713
	草木樨	1	820	410	410
	多花黑麦草	3	2915	1680	28
	青贮青饲高粱	6	51035	45035	3000
	青贮玉米	809	154236	128124	18580
	饲用大麦	4	10417	9117	
	饲用黑麦	2	250	200	
	饲用块根块茎作物	1			
	饲用青稞	2	2104	2104	
	饲用小黑麦	9	3542	3530	12
	饲用燕麦	345	858641	822888	872

草产品加工企业生产情况

单位：家、吨

草颗粒	草粉	其他	青贮生产量	草种生产量
677865	**94472**	**86766**	**7694172**	**27398**
595334	**68887**	**10952**	**1066316**	**2254**
10	771	10	3920	
			10805	
100	1600	212	333919	
			2	
515	100	10	3560	91
				902
	1000	1000	6850	
				151
584109	65096	7719	520951	1025
10601	320	2001	186309	85
82531	**25585**	**75814**	**6627855**	**25144**
		1207	4702	4
	1000	2000	9950	
46	445	7040	6279524	
	1300		50000	
45		5		
			6500	
			800	175
9432	20340	5110	122198	24648

7-1　全国及牧区半牧区分种类

区　域	饲草种类	企业数量	干草生产量	草捆	草块
牧区 半牧区	苏丹草	2	84	84	
	籽粒苋	1	960		
	其他一年生饲草	52	334805	106994	92811
		428	**1225549**	**1017289**	**88042**
	多年生合计	**200**	**710655**	**574220**	**36488**
	多年生黑麦草	3	1470	1200	
	老芒麦	1	1759	1759	
	猫尾草	6	16790	16265	
	披碱草	7	13487	13487	
	羊草	10	62140	58420	1720
	早熟禾	1	654	654	
	紫花苜蓿	185	603538	481622	34765
	其他多年生饲草	4	10817	813	3
	一年生合计	**228**	**514894**	**443069**	**51554**
	草木樨	1	820	410	410
	青贮玉米	65	27455	27455	
	饲用大麦	1	7917	7917	
	饲用青稞	2	2104	2104	
	饲用小黑麦	1	72	60	12
	饲用燕麦	172	389971	385928	872
	苏丹草				
	其他一年生饲草	10	86555	19195	50260
牧区		**186**	**497068**	**410802**	**62590**
	多年生合计	**56**	**209743**	**161577**	**31990**
	老芒麦	1	1759	1759	

草产品加工企业生产情况（续）

单位：家、吨

草颗粒	草粉	其他	青贮生产量	草种生产量
				317
		960		
73009	2500	59492	154181	
111547	5472	3200	796310	3470
94875	3172	1900	71659	1457
	270		1600	
			2	
425	100		3560	91
				902
	1000	1000	4000	
				151
84449	1802	900	61074	233
10001			1423	80
16672	2300	1300	724651	2013
			684205	
1872		1300	40425	1793
				220
14800	2300		21	
21476		2200	390563	
15276		900	39802	
			2	

7-1 全国及牧区半牧区分种类

区 域	饲草种类	企业数量	干草生产量	草捆	草块
	披碱草	6	12057	12057	
	早熟禾	1	654	654	
	紫花苜蓿	55	194469	146303	31990
	其他多年生饲草	1	804	804	
	一年生合计	**130**	**287326**	**249226**	**30600**
	青贮玉米	25	20669	20669	
	饲用青稞	2	2104	2104	
	饲用燕麦	116	230053	226453	600
	苏丹草				
	其他一年生饲草	2	34500		30000
半牧区		**242**	**728482**	**606487**	**25452**
	多年生合计	**144**	**500913**	**412644**	**4498**
	多年生黑麦草	3	1470	1200	
	猫尾草	6	16790	16265	
	披碱草	1	1431	1431	
	羊草	10	62140	58420	1720
	紫花苜蓿	129	409069	335319	2775
	其他多年生饲草	3	10013	9	3
	一年生合计	**98**	**227569**	**193843**	**20954**
	草木樨	1	820	410	410
	青贮玉米	40	6786	6786	
	饲用大麦	1	7917	7917	
	饲用小黑麦	1	72	60	12
	饲用燕麦	56	159919	159475	272
	其他一年生饲草	8	52055	19195	20260

草产品加工企业生产情况（续）

单位：家、吨

草颗粒	草粉	其他	青贮生产量	草种生产量
15276		900	39800	233
6200		1300	350761	325
			338996	
1700		1300	11765	105
4500				220
90070	5472	1001	405747	1779
79599	3172	1001	31857	91
	270		1600	
425	100		3560	
	1000	1000	4000	
69173	1802		21274	
10001		1	1423	
10472	2300		373890	1688
			345209	
172			28660	1688
10300	2300		21	

7-2 各地区分种类草产品

地 区	饲草种类	企业数量	干草生产量	草捆	草块
合 计		1646	3559200	2528868	171228
河 北		32	97115	74993	21370
	草木樨	1	820	410	410
	青贮玉米	6			
	饲用燕麦	5	23900	23900	
	紫花苜蓿	10	17540	16988	
	其他一年生饲草	12	54855	33695	20960
山 西		24	24047	11847	1500
	青贮玉米	13	2774	1574	800
	饲用燕麦	4	5571	5271	
	紫花苜蓿	4	1202	1202	
	其他多年生饲草	1	10000		
	其他一年生饲草	7	4500	3800	700
内蒙古		79	418386	326545	55415
	青贮玉米	9			
	饲用燕麦	41	180368	180368	
	紫花苜蓿	48	158518	146177	5415
	其他一年生饲草	4	79500		50000
辽 宁		6	24800	24800	
	青贮玉米	6	24800	24800	
吉 林		16	49415	46014	1400
	青贮玉米	1			
	饲用大麦	1	7917	7917	
	饲用燕麦	1	7206	7206	
	羊草	4	7070	3670	1400
	紫花苜蓿	9	27222	27221	

加工企业生产情况

单位：家、吨

草颗粒	草粉	其他	青贮生产量	草种生产量
677865	94472	86766	7694172	27657
	200	552	210258	
			54943	
			21802	
		552	55132	
	200		78381	
10000	700		150673	
	400		100697	
	300			
			39176	
10000				
			10800	
34776		1650	383661	310
			324361	
			4600	
5276		1650	54700	310
29500				
1	1000	1000	14200	
			10200	
	1000	1000	4000	
1				

7-2　各地区分种类草产品

地　区	饲草种类	企业数量	干草生产量	草捆	草块
黑龙江		**24**	**63450**	**63130**	**320**
	青贮玉米	12			
	羊草	7	56820	56500	320
	紫花苜蓿	5	6630	6630	
江　苏		**4**	**9450**	**9450**	
	青贮玉米	4	9450	9450	
	饲用大麦	2			
安　徽		**183**	**18269**	**18239**	**31**
	多花黑麦草	2	1708	1680	28
	多年生黑麦草	2	3910	3908	2
	菊苣	1	800	800	
	狼尾草	1			
	青贮玉米	176	2600	2600	
	紫花苜蓿	1	1250	1250	
	其他一年生饲草	2	8001	8001	1
福　建		**1**	**1000**	**1000**	
	其他一年生饲草	1	1000	1000	
江　西		**17**	**11670**	**10710**	
	狗尾草	1			
	狼尾草	15	10710	10710	
	籽粒苋	1	960		
山　东		**43**	**23235**	**22655**	
	猫尾草	1	100		
	青贮玉米	35			
	饲用黑麦	1	50		
	饲用燕麦	1	70		
	紫花苜蓿	10	23015	22655	

加工企业生产情况（续）

单位：家、吨

草颗粒	草粉	其他	青贮生产量	草种生产量
			330478	
			330478	
			170000	
			120000	
			50000	
			809388	
			196	
			2010	
			30	
			806652	
			500	
		960	**37085**	
			2305	
			34780	
		960		
395		**185**	**332623**	**60**
90		10		
			294254	
45		5		
60		10		
200		160	38369	60

7-2 各地区分种类草产品

地 区	饲草种类	企业数量	干草生产量	草捆	草块
河 南		**52**	**47475**	**25722**	**21750**
	青贮玉米	30			
	饲用燕麦	2			
	紫花苜蓿	8	6475	5722	750
	其他多年生饲草	8	3000	3000	
	其他一年生饲草	5	38000	17000	21000
湖 北		**18**	**114931**	**96003**	**15752**
	多年生黑麦草	1	383	360	2
	狼尾草	1	4800	4800	
	青贮青饲高粱	1	51000	45000	3000
	青贮玉米	12	57124	44333	12720
	紫花苜蓿	2	625	510	30
	其他一年生饲草	1	1000	1000	
湖 南		**8**	**56121**	**54345**	**248**
	多花黑麦草	1	1207		
	多年生黑麦草	1	18250	18250	
	牛鞭草	1	32850	32850	
	青贮玉米	3	3001	3000	
	紫花苜蓿	2	493	245	248
	其他多年生饲草	1	320		
广 东		**5**	**1360**	**1360**	
	狼尾草	4	1360	1360	
	青贮玉米	1			
广 西		**19**	**21832**	**17900**	**3932**
	狼尾草	7	11782	8000	3782
	青贮玉米	9			
	其他多年生饲草	8	9900	9900	

加工企业生产情况（续）

单位：家、吨

草颗粒	草粉	其他	青贮生产量	草种生产量
		3	473577	
			215256	
			4649	
		3	195036	
			21136	
			37500	
85	1031	2060	82562	
10	1	10		
	1000	2000		
15	15	40	80712	
60	15	10	1850	
	320	1207	49804	4
		1207	4506	4
			39500	
			5798	
	320			
			15302	
			11402	
			3900	
			96642	
			24875	
			42148	
			29620	

7-2　各地区分种类草产品

地　区	饲草种类	企业数量	干草生产量	草捆	草块
海　南	其他一年生饲草	1	150		150
		2	**2500**	**2500**	
重　庆	青贮玉米	1			
	其他多年生饲草	1	2500	2500	
		4	**5000**	**5000**	
	狼尾草	4	5000	5000	
	青贮青饲高粱	1			
	青贮玉米	1			
四　川		**59**	**9284**	**4788**	**3**
	多年生黑麦草	3	2040	1770	
	狗尾草	1			
	狼尾草	5	2032	120	
	老芒麦	1	1759	1759	
	披碱草	2	800	800	
	青贮青饲高粱	2			
	青贮玉米	37			
	饲用燕麦	1	330	330	
	紫花苜蓿	1	310		
	其他多年生饲草	12	2013	9	3
贵　州		**16**	**155**	**155**	
	狼尾草	9	120	120	
	青贮青饲高粱	2	35	35	
	青贮玉米	12			
云　南		**58**	**41600**	**32900**	**1200**
	多年生黑麦草	1	1700		1200
	狼尾草	1			
	青贮玉米	32	7000		

加工企业生产情况（续）

单位：家、吨

草颗粒	草粉	其他	青贮生产量	草种生产量
			10000	
			10000	
			12559	
			11159	
			900	
			500	
101	**2180**	**2213**	**484767**	**260**
	270		310	
			8500	
100	1600	212	162500	260
			2	
			5900	
			265502	
	310			
1		2001	42053	
			237226	
			86874	
			3150	
			147202	
	500	**7000**	**317110**	
	500			
			2300	
		7000	232810	

7-2　各地区分种类草产品

地区	饲草种类	企业数量	干草生产量	草捆	草块
西　藏	饲用燕麦	1	1200	1200	
	其他多年生饲草	24	31700	31700	
		9	9080	8625	284
	青贮玉米	2			
	饲用青稞	1	1800	1800	
	饲用小黑麦	1	72	60	12
	饲用燕麦	6	7208	6765	272
陕　西		83	50223	40223	7000
	青贮玉米	61	8400	3400	5000
	饲用燕麦	1	1000	1000	
	紫花苜蓿	18	37325	32325	2000
	其他多年生饲草	2			
	其他一年生饲草	3	3498	3498	
甘　肃		416	1918209	1247665	22614
	猫尾草	6	16790	16265	
	青贮玉米	217	9738	9738	
	饲用大麦	1	2500	1200	
	饲用块根块茎作物	1			
	饲用燕麦	59	491043	456103	600
	紫花苜蓿	186	1362729	749359	22014
	其他多年生饲草	1	600		
	其他一年生饲草	10	34809	15000	
青　海		341	179889	179889	
	多年生黑麦草	1			
	披碱草	5	12687	12687	
	青贮玉米	116	20669	20669	
	饲用青稞	1	304	304	

加工企业生产情况（续）

单位：家、吨

草颗粒	草粉	其他	青贮生产量	草种生产量
			2000	
			80000	
172			9230	
			9230	
172				
1500	1500		420625	5
			394190	
1500	1500		12935	
			13500	5
551047	86436	10447	2331040	2388
425	100		3560	91
			2267610	
	1300			
			6500	
9200	20040	5100	6500	1793
523313	62696	5347	40870	504
600				
17509	2300		6000	
			302750	23987
			1600	
				902
			214417	

7-2 各地区分种类草产品

地 区	饲草种类	企业数量	干草生产量	草捆	草块
	饲用燕麦	218	139925	139925	
	早熟禾	1	654	654	
	紫花苜蓿	11	4845	4845	
	其他多年生饲草	1	804	804	
宁 夏		97	156241	101825	60
	青贮玉米	4	180	60	60
	饲用黑麦	1	200	200	
	饲用小黑麦	7	3430	3430	
	饲用燕麦	5	820	820	
	紫花苜蓿	89	134111	97315	
	其他一年生饲草	1	17500		
新 疆		22	171988	75312	12350
	青贮玉米	7			
	饲用小黑麦	1	40	40	
	苏丹草	2	84	84	
	紫花苜蓿	12	88872	60188	12350
	其他一年生饲草	4	82992	15000	
新疆兵团		3	18700	17500	
	青贮玉米	1	8500	8500	
	紫花苜蓿	1	1200		
	其他一年生饲草	1	9000	9000	
黑龙江农垦		5	13775	7775	6000
	青贮玉米	1			
	羊草	1	12000	6000	6000
	紫花苜蓿	3	1775	1775	

加工企业生产情况（续）

单位：家、吨

草颗粒	草粉	其他	青贮生产量	草种生产量
			82024	22855
				151
			4710	
				80
53755	**602**		**181848**	**51**
30	30		123170	
			800	
			624	
36225	572		57254	51
17500				
24834		**59492**	**206959**	**591**
			181959	
				175
				317
16334			4000	99
8500		59492	21000	
1200				
1200				
			23806	
			9835	
			2850	
			11121	

7-3 各地区牧区半牧区分种类

地　区	饲草种类	企业数量	干草生产量	草捆	草块
合　计		428	1225550	1017289	88042
河　北		11	25675	25005	670
	草木樨	1	820	410	410
	青贮玉米	2			
	饲用燕麦	4	23900	23900	
	其他一年生饲草	4	955	695	260
山　西		1	10000		
	其他多年生饲草	1	10000		
内蒙古		71	385472	325281	55415
	青贮玉米	5			
	饲用燕麦	40	180054	180054	
	紫花苜蓿	47	151868	146177	5415
	其他一年生饲草	2	54500		50000
吉　林		13	47205	43804	1400
	饲用大麦	1	7917	7917	
	饲用燕麦	1	7206	7206	
	羊草	3	5320	1920	1400
	紫花苜蓿	8	26762	26761	
黑龙江		10	57160	56840	320
	青贮玉米	2			
	羊草	7	56820	56500	320
	紫花苜蓿	1	340	340	
四　川		13	4682	4098	3
	多年生黑麦草	2	1470	1200	
	老芒麦	1	1759	1759	
	披碱草	2	800	800	
	青贮玉米	5			
	饲用燕麦	1	330	330	
	紫花苜蓿	1	310		

草产品加工企业生产情况

单位：家、吨

草颗粒	草粉	其他	青贮生产量	草种生产量
111546	**5472**	**3201**	**796310**	**3470**
			1021	
			1000	
			21	
10000				
10000				
4776			**371439**	**148**
			312139	
			4600	
276			54700	148
4500				
1	**1000**	**1000**	**4000**	
	1000	1000	4000	
1				
			87840	
			87840	
1	**580**	**1**	**22125**	
	270			
			2	
			20700	
	310			

7-3 各地区牧区半牧区分种类

地　区	饲草种类	企业数量	干草生产量	草捆	草块
西　藏	其他多年生饲草	2	13	9	3
		7	**8166**	**7710**	**284**
	饲用青稞	1	1800	1800	
	饲用小黑麦	1	72	60	12
	饲用燕麦	5	6294	5850	272
甘　肃		**113**	**424836**	**326447**	**17600**
	猫尾草	6	16790	16265	
	青贮玉米	10	6786	6786	
	饲用燕麦	25	78070	74470	600
	紫花苜蓿	79	308590	218426	17000
	其他一年生饲草	3	14600	10500	
青　海		**146**	**134632**	**134632**	
	多年生黑麦草	1			
	披碱草	5	12687	12687	
	青贮玉米	37	20669	20669	
	饲用青稞	1	304	304	
	饲用燕麦	95	94668	94668	
	早熟禾	1	654	654	
	紫花苜蓿	10	4845	4845	
	其他多年生饲草	1	804	804	
宁　夏		**29**	**29173**	**29173**	
	饲用燕麦	1	400	400	
	紫花苜蓿	29	28773	28773	
新　疆		**13**	**98550**	**64300**	**12350**
	青贮玉米	4			
	苏丹草	1			
	紫花苜蓿	9	82050	56300	12350
	其他一年生饲草	1	16500	8000	

草产品加工企业生产情况（续）

单位：家、吨

草颗粒	草粉	其他	青贮生产量	草种生产量
1		1	1423	
172				
172				
74697	**3892**	**2200**	**58839**	**1884**
425	100		3560	91
			47779	1793
1700		1300	6500	
70772	1492	900	1000	
1800	2300			
			102913	**1133**
			1600	
				902
			71988	
			29325	
				151
				80
			1374	
			1374	
21900			**146759**	**305**
			142759	
				220
13400			4000	85
8500				

7-4 各地区牧区分种类

地 区	饲草种类	企业数量	干草生产量	草捆	草块
合 计		186	497068	410802	62590
内蒙古		30	259478	222062	32640
	青贮玉米	3			
	饲用燕麦	19	119965	119965	
	紫花苜蓿	24	105013	102097	2640
	其他一年生饲草	1	34500		30000
黑龙江		2	340	340	
	紫花苜蓿	1	340	340	
	青贮玉米	1			
四 川		4	2889	2889	
	老芒麦	1	1759	1759	
	披碱草	2	800	800	
	饲用燕麦	1	330	330	
西 藏		2	3890	3890	
	饲用青稞	1	1800	1800	
	饲用燕麦	1	2090	2090	
甘 肃		12	46200	9700	17600
	饲用燕麦	7	13300	9700	600
	紫花苜蓿	4	32900		17000
青 海		117	132501	132501	
	披碱草	4	11257	11257	
	青贮玉米	18	20669	20669	
	饲用青稞	1	304	304	
	饲用燕麦	87	93968	93968	
	早熟禾	1	654	654	
	紫花苜蓿	10	4845	4845	
	其他多年生饲草	1	804	804	
宁 夏		12	12121	12121	
	饲用燕麦	1	400	400	

草产品加工企业生产情况

草颗粒	草粉	其他	青贮生产量	草种生产量
21476		**2200**	**390563**	**1691**
4776			**311539**	**148**
			271139	
			4600	
276			35800	148
4500				
			7840	
			7840	
			2	
			2	
16700		**2200**	**2500**	**105**
1700		1300	2500	
15000		900		105
			36257	**1133**
				902
			31592	
			4665	
				151
				80

7-4　各地区牧区分种类

地　区	饲草种类	企业数量	干草生产量	草捆	草块
新　疆	紫花苜蓿	12	11721	11721	
		7	**39650**	**27300**	**12350**
	青贮玉米	3			
	苏丹草	1			
	紫花苜蓿	5	39650	27300	12350

7-5　各地区半牧区分种类

地　区	饲草种类	企业数量	干草生产量	草捆	草块
合　计		**242**	**728481**	**606487**	**25452**
河　北		**11**	**25675**	**25005**	**670**
	草木樨	1	820	410	410
	青贮玉米	2			
	饲用燕麦	4	23900	23900	
	其他一年生饲草	4	955	695	260
山　西		**1**	**10000**		
	其他多年生饲草	1	10000		
内蒙古		**41**	**125994**	**103219**	**22775**
	青贮玉米	2			
	饲用燕麦	21	59139	59139	
	紫花苜蓿	23	46855	44080	2775
	其他一年生饲草	1	20000		20000
吉　林		**13**	**47205**	**43804**	**1400**
	饲用大麦	1	7917	7917	
	饲用燕麦	1	7206	7206	
	羊草	3	5320	1920	1400
	紫花苜蓿	8	26762	26761	0

草产品加工企业生产情况（续）

单位：家、吨

草颗粒	草粉	其他	青贮生产量	草种生产量
			32425	**305**
			28425	
				220
			4000	85

草产品加工企业生产情况

单位：家、吨

草颗粒	草粉	其他	青贮生产量	草种生产量
90070	**5472**	**1001**	**405747**	**1779**
			1021	
			1000	
			21	
10000				
10000				
			59900	
			41000	
			18900	
1	**1000**	**1000**	**4000**	
	1000	1000	4000	
1				

7-5　各地区半牧区分种类

地　区	饲草种类	企业数量	干草生产量	草捆	草块
黑龙江		8	56820	56500	320
	羊草	7	56820	56500	320
	青贮玉米	1			
四　川		9	1793	1209	3
	多年生黑麦草	2	1470	1200	
	青贮玉米	5			
	紫花苜蓿	1	310		
	其他多年生饲草	2	13	9	3
西　藏		5	4276	3820	284
	饲用小黑麦	1	72	60	12
	饲用燕麦	4	4204	3760	272
甘　肃		102	378636	316747	
	猫尾草	6	16790	16265	
	青贮玉米	10	6786	6786	
	饲用燕麦	18	64770	64770	
	紫花苜蓿	75	275690	218426	
	其他一年生饲草	2	14600	10500	
青　海		29	2131	2131	
	多年生黑麦草	1			
	披碱草	1	1431	1431	
	青贮玉米	19			
	饲用燕麦	8	700	700	
宁　夏		17	17052	17052	
	紫花苜蓿	17	17052	17052	
新　疆		6	58900	37000	
	青贮玉米	1			
	紫花苜蓿	4	42400	29000	
	其他一年生饲草	1	16500	8000	

草产品加工企业生产情况（续）

单位：家、吨

草颗粒	草粉	其他	青贮生产量	草种生产量
			80000	
			80000	
1	580	1	**22123**	
	270			
			20700	
	310			
1		1	1423	
172				
172				
57997	3892		56339	1779
425	100		3560	91
			47779	
			4000	1688
55772	1492		1000	
1800	2300			
			66656	
			1600	
			40396	
			24660	
			1374	
			1374	
21900			**114334**	
			114334	
13400				
8500				

7-6　各地区草产品加工

地　区	县类别	企业名称	饲草种类
总　计 （1646家） **河　北** （32家）			
		无极县海青草料经销处	青贮玉米
		晋州市奥丰农业服务有限公司	青贮玉米
		河北艾禾农业科技有限公司	青贮玉米
			饲用燕麦
			紫花苜蓿
		容城县绿硕农产品专业合作社	紫花苜蓿
		顺平县茂丰家庭农场	紫花苜蓿
		河北盛世兆苜丰农业服务有限公司	紫花苜蓿
		万全区粥雨草业发展有限公司	其他一年生饲草
		张家口农丰草业有限公司	其他一年生饲草
		张家口三利草业有限公司	其他一年生饲草
	半牧区	康保县红杉牧业有限公司	饲用燕麦
	半牧区	康保县品冠食品集团有限公司	饲用燕麦
	半牧区	沽源县建国精品蔬菜种植专业合作社	青贮玉米
	半牧区	河北格物农业科技有限公司	饲用燕麦
	半牧区	张家口德实农业开发有限公司	青贮玉米
	半牧区	张家口沃薯农业开发有限公司	饲用燕麦
		怀来县民丰种植专业合作社	其他一年生饲草
		赤城县益森种植专业合作社	其他一年生饲草
		兴隆县一通新能源科技有限公司	其他一年生饲草
		河北德华种业有限公司	青贮玉米
	半牧区	丰宁满族自治县昊丰草业有限公司	其他一年生饲草
	半牧区	丰宁满族自治县源众农业开发有限公司	其他一年生饲草

企业生产情况

单位：家、吨

干草生产量	草捆	草块	草颗粒	草粉	其他	青贮生产量	草种生产量
3559200	2528868	171228	677865	94472	86766	7694172	27657
97115	74993	21370		200	552	210258	
						437	
						4500	
						36506	
						21802	
						21206	
						11571	
9800	9800						
4400	4400					15400	
10000	10000					30000	
5000	5000					15000	
5000	5000					20000	
1500	1500						
17400	17400						
						500	
3000	3000						
						500	
2000	2000						
6000	1800	4000		200		10500	
8200	8200					2860	
6000	3000	3000					
						12500	
100	50	50					
75	75						

7-6　各地区草产品加工

地　区	县类别	企业名称	饲草种类
山　西 （24家）	半牧区	丰宁满族自治县正发草业有限公司	其他一年生饲草
		承德燕都牧丰养殖有限公司	其他一年生饲草
		宽城立东养殖有限公司	其他一年生饲草
	半牧区	承德盈京草业有限公司	草木樨
	半牧区	红松洼工商有限公司	其他一年生饲草
		承德修齐草业有限公司	紫花苜蓿
		中冠牡丹（北京）农业科技有限公司	紫花苜蓿
		文安县锄禾农业科技有限公司	紫花苜蓿
		衡水贵和农业技术开发有限公司	紫花苜蓿
		衡水金禾惠农业发展有限公司	紫花苜蓿
		河北磊源农业科技有限公司	紫花苜蓿
		山西秋蕙种植专业合作社	青贮玉米
		朔州市平鲁区牧源草业有限公司	饲用燕麦
		朔州市新玉农牧有限公司	饲用燕麦
		朔州市大农禾农业有限公司	青贮玉米
			饲用燕麦
			紫花苜蓿
		朔州市骏宝宸农业科技股份有限公司	青贮玉米
			饲用燕麦
			紫花苜蓿
		朔州市隆祥农牧有限公司	青贮玉米
			紫花苜蓿
	半牧区	右玉县绿之源草业发展有限责任公司	其他多年生饲草
		怀仁市奔康牧草开发有限公司	紫花苜蓿

企业生产情况（续）

单位：家、吨

干草生产量	草捆	草块	草颗粒	草粉	其他	青贮生产量	草种生产量
60	60						
6500		6500					
7200		7200					
820	410	410					
720	510	210				21	
560	560					1695	
						3400	
552					552		
210	210					1860	
1118	1118						
900	900						
24047	**11847**	**1500**	**10000**	**700**		**150673**	
						1500	
2600	2300				300		
800	800						
						26720	
1250	1250						
950	950					9680	
						37309	
921	921						
200	200					16219	
						1060	
52	52						
10000			10000				
						13277	

7-6　各地区草产品加工

地　区	县类别	企业名称	饲草种类
		忻府区东伟农机草业专业合作社	其他一年生饲草
		忻府区亮胜草业公司	其他一年生饲草
		忻府区燕子青青草牧业	其他一年生饲草
		忻府区志强草业经销社	其他一年生饲草
		定襄县德隆养殖农民专业合作社	青贮玉米
		山西合顺源三农科技股份有限公司	青贮玉米
		五台县仁飞农牧发展有限公司	青贮玉米
		五台县驼梁景区材树梁村顺鑫养鸡专业合作社	青贮玉米
		繁峙县宝和牧场有限公司	青贮玉米
		岢岚县祥熙农牧业养殖有限公司	青贮玉米
		原平市唐盛农业机械秸秆加工专业合作社	青贮玉米
		菁悦公司	其他一年生饲草
		索驼生态农场	其他一年生饲草
		跃达合作社	其他一年生饲草
		岚县丰业种植专业合作社	青贮玉米
内蒙古		岚县祥泰草蓄开发有限公司	青贮玉米
（79家）			
		固阳县大地农丰农民专业合作社	饲用燕麦
		固阳县广义德农牧业专业合作社	青贮玉米
		固阳县和谐人家农民专业合作社	青贮玉米
	牧区	阿鲁科尔沁期达布希绿业有限责任公司	饲用燕麦
	牧区	阿鲁科尔沁旗巴雅尔草业有限责任公司	饲用燕麦
			紫花苜蓿
	牧区	阿鲁科尔沁旗达布希绿业有限责任公司	紫花苜蓿
	牧区	阿鲁科尔沁旗东诺尔草业有限公司	紫花苜蓿

企业生产情况（续）

单位：家、吨

干草生产量	草捆	草块	草颗粒	草粉	其他	青贮生产量	草种生产量
600	600					2600	
600	600					800	
500	500					2600	
800	800					2000	
2000	800	800		400		3000	
						3000	
						11250	
						4250	
774	774					3700	
						2800	
						2400	
500	500					500	
700		700				1800	
800	800					500	
						385	
						3323	
418386	**326545**	**55415**	**34776**		**1650**	**383661**	**310**
1264	1264						
						640	
						1583	
3500	3500						
7000	7000						
1000	1000						
6000	6000						
2400	2400						

7-6 各地区草产品加工

地 区	县类别	企业名称	饲草种类
	牧区	阿鲁科尔沁旗东诺尔草业有限公司	饲用燕麦
	牧区	阿鲁科尔沁旗东星农庄有限公司	饲用燕麦
			紫花苜蓿
	牧区	阿鲁科尔沁旗华茂盛农牧专业合作社	饲用燕麦
	牧区	阿鲁科尔沁旗惠农草业股份有限公司	饲用燕麦
			紫花苜蓿
	牧区	阿鲁科尔沁旗利鑫草业有限公司	饲用燕麦
			紫花苜蓿
	牧区	阿鲁科尔沁旗腾飞草业有限公司	饲用燕麦
			紫花苜蓿
	牧区	阿鲁科尔沁旗田园牧歌草业有限公司	饲用燕麦
			紫花苜蓿
	牧区	阿鲁科尔沁旗长鑫有限公司	饲用燕麦
			紫花苜蓿
	牧区	赤峰地森农牧有限公司	饲用燕麦
			紫花苜蓿
	牧区	赤峰普瑞牧农业科技有限公司	饲用燕麦
			紫花苜蓿
	牧区	赤峰长青农牧科技有限公司	饲用燕麦
			紫花苜蓿
	牧区	内蒙古赤峰澳亚现代牧场有限公司	青贮玉米
			饲用燕麦
			紫花苜蓿
	牧区	内蒙古达晨农业股份有限公司	饲用燕麦
			紫花苜蓿
	牧区	内蒙古绿田园农业有限公司	紫花苜蓿

企业生产情况（续）

单位：家、吨

干草生产量	草捆	草块	草颗粒	草粉	其他	青贮生产量	草种生产量
6700	6700						
3100	3100						
8600	8600						
5000	5000						
4600	4600						
6550	6550						
1683	1683						
1680	1680						
2500	2500						
410	410						
14000	14000						
19500	19500					30500	
1000	1000						
3200	3200						
2456	2456						
4600	4600						
16000	16000						
12000	12000						
1500	1500						
1000	1000						
						250000	
90	90						
250	250					2800	
14000	14000					4600	
6000	6000					2500	
5000	5000						

7-6　各地区草产品加工

地　区	县类别	企业名称	饲草种类
	牧区	内蒙古天歌草业有限公司	饲用燕麦
			紫花苜蓿
	牧区	内蒙古伊禾绿锦农业发展有限公司	饲用燕麦
			紫花苜蓿
	半牧区	巴林左旗禾牧科技发展有限公司	青贮玉米
	半牧区	赤峰市子阳农牧业发展有限公司	饲用燕麦
	牧区	巴林右旗沐阳草业有限公司	饲用燕麦
			紫花苜蓿
	牧区	巴林右旗牧原兴草业有限公司	青贮玉米
	半牧区	赤峰市宇霖农牧业科技发展有限公司	青贮玉米
	半牧区	民乐君丰农牧科技发展有限公司	饲用燕麦
	半牧区	霍林郭勒市星圣农业有限公司	紫花苜蓿
	半牧区	科左中旗博硕种子有限公司	饲用燕麦
	半牧区	科左中旗瀚海绿园草业专业合作社	饲用燕麦
	半牧区	科左中旗科翔草业专业合作社	饲用燕麦
	半牧区	科左中旗天源草业合作社	紫花苜蓿
	半牧区	科左中旗益牧草业种植合作社	饲用燕麦
	半牧区	内蒙古科尔沁农科农业发展有限公司	饲用燕麦
	半牧区	内蒙古蒙源农业有限公司	饲用燕麦
	半牧区	内蒙古通辽市南海草业有限公司	饲用燕麦
	半牧区	森亮草业	饲用燕麦
	半牧区	顺天丰草业	饲用燕麦
	半牧区	通辽市满都海商贸有限公司	紫花苜蓿
	半牧区	通辽市优牧农牧业有限责任公司	饲用燕麦
	半牧区	通辽市鑫牧饲草交易市场有限公司	其他一年生饲草
	半牧区	林辉草业	紫花苜蓿

企业生产情况（续）

单位：家、吨

干草生产量	草捆	草块	草颗粒	草粉	其他	青贮生产量	草种生产量
1550	1550						
3200	3200						
16000	16000						
3200	3200						
						16000	
650	650						
12000	12000						
2400	2400						
						4600	
						25000	
500	500						
5000	5000						15000
6500	6500						
2000	2000						
1000	1000						
1500	1500						
2000	2000						
3500	3500						
800	800						
4000	4000						
2400	2400						
2400	2400						
1250	1250						
4400	4400						
20000		20000					
2700	2700						3000

7-6 各地区草产品加工

地　区	县类别	企业名称	饲草种类
	半牧区	都冷养殖有限公司	紫花苜蓿
	半牧区	扎鲁特旗蓝石草业技术服务有限公司	饲用燕麦
	半牧区	达拉特旗阜新种养殖专业合作社	饲用燕麦
			紫花苜蓿
	半牧区	达拉特旗和盛种养殖专业合作社	紫花苜蓿
	半牧区	达拉特旗牧乐源种养殖农民专业合作社	饲用燕麦
			紫花苜蓿
	半牧区	达拉特旗田志刚家庭农牧场	紫花苜蓿
	半牧区	达拉特旗先达种养殖农民专业合作社	饲用燕麦
			紫花苜蓿
	半牧区	达拉特旗亿农种养殖农民专业合作社	紫花苜蓿
	半牧区	达拉特旗中优草业有限公司	饲用燕麦
			紫花苜蓿
	半牧区	鄂尔多斯市德阁都农牧业有限责任公司	紫花苜蓿
	半牧区	鄂尔多斯市和众达种养殖专业合作社	紫花苜蓿
	半牧区	鄂尔多斯市康泰仑农牧业有限责任公司	紫花苜蓿
	半牧区	鄂尔多斯市润泽种养殖农民专业合作社	饲用燕麦
	半牧区	鄂尔多斯市森惠农业科技服务有限公司	紫花苜蓿
	半牧区	郝中队	紫花苜蓿
	半牧区	李　鑫	饲用燕麦
	半牧区	内蒙古茂盛泉农牧业开发有限责任公司	紫花苜蓿
	半牧区	内蒙古漠北生态农业开发有限公司	紫花苜蓿
	半牧区	内蒙古璞瑞农牧业有限公司	紫花苜蓿
	半牧区	内蒙古普纳沙旅游有限公司	紫花苜蓿
	半牧区	内蒙古正时草业有限责任公司	饲用燕麦
			紫花苜蓿

企业生产情况（续）

单位：家、吨

干草生产量	草捆	草块	草颗粒	草粉	其他	青贮生产量	草种生产量
375		375				900	
15000	15000						
1387	1387						
990	990						
450	450						
2185	2185						
5850	5850						
720	720						
570	570						
540	540						
1260	1260						
4465	4465						
2430	2430						
1800	1800						
990	990						
5220	5220						
855	855						
450	450						
360	360						
950	950						
4860	4860						
1080	1080						
1710	1710						
540	540						
1805	1805						
1890	1890						

7-6 各地区草产品加工

地　区	县类别	企业名称	饲草种类
	半牧区	内蒙古中宝科技开发有限公司	饲用燕麦
	半牧区	中国农业科学院草原研究所	紫花苜蓿
	牧区	鄂尔多斯市盛世金农农业开发有限责任公司	紫花苜蓿
	牧区	鄂托克旗赛乌素绿洲草业有限责任公司	紫花苜蓿
	牧区	鄂托克旗星玥农牧业专业合作社	紫花苜蓿
	牧区	鄂温克旗阳波畜牧业发展服务有限公司	紫花苜蓿
	牧区	呼伦贝尔市华和农牧业有限公司	紫花苜蓿
		富源草颗粒饲料有限公司	其他一年生饲草
		天义饲料加工厂	其他一年生饲草
		五原县大丰粮油有限公司	青贮玉米
		五原县胜利养殖专业合作社	青贮玉米
	半牧区	巴彦淖尔市圣牧高科生态草业有限公司	饲用燕麦
			紫花苜蓿
	牧区	乌中旗巨牧饲草有限责任公司	其他一年生饲草
		内蒙古隆草高科农业有限公司	紫花苜蓿
	牧区	阿拉善盟科牧控股草业有限公司	青贮玉米
			饲用燕麦
			紫花苜蓿
辽　宁 （6家）		海城市稻生源稻草加工厂	青贮玉米
		海城市峰强种养殖专业合作社	青贮玉米
		海城市鸿利农业有限公司	青贮玉米
		海城市凝丰种养殖专业合作社	青贮玉米
		海城市裕丰农业有限公司	青贮玉米
		海城市原生农业有限公司	青贮玉米

企业生产情况（续）

单位：家、吨

干草 生产量	草捆	草块	草颗粒	草粉	其他	青贮 生产量	草种 生产量
722	722						
450	450						
1200	1200						
2400	2400						
1200	1200						
7240	6964		276				72
2640		2640					76
15000			15000				
10000			10000				
						5000	
						5000	
2000	2000						
4800	2400	2400					
34500		30000	4500				
6650			5000		1650		162
						16539	
7286	7286						
3343	3343						
24800	**24800**						
8000	8000						
4000	4000						
1000	1000						
800	800						
10000	10000						
1000	1000						

7-6 各地区草产品加工

地　区	县类别	企业名称	饲草种类
吉 林 （16 家）			
		吉林省义和养殖主业合作社	羊草
		农安县豪越农机专业合作社	紫花苜蓿
	半牧区	双辽市东泰农牧业发展有限责任公司	饲用大麦
	半牧区	双辽市红旗街繁荣黄牛养殖场	紫花苜蓿
	半牧区	双辽市慧德农业农民专业合作社	紫花苜蓿
	半牧区	双辽市牧丰牧草种植有限公司	紫花苜蓿
	半牧区	双辽市舒原草业有限责任公司	紫花苜蓿
	半牧区	双辽市衷有农牧业发展有限公司	紫花苜蓿
	半牧区	顺通草业	紫花苜蓿
	半牧区	红星牧场养殖专业合作社	羊草
	半牧区	京润草业	紫花苜蓿
	半牧区	长岭县牧康草业农民专业合作社	羊草
	半牧区	镇赉县鑫宇养殖专业合作社	羊草
	半牧区	洮南圣一金地生物农业有限公司	饲用燕麦
	半牧区	洮南市绿莹草业有限公司	紫花苜蓿
		吉林华村农为业科技有限公司	青贮玉米
黑龙江 （24 家）			
		中商艾享生态科技股份有限公司	青贮玉米
		哈尔滨丰铭青贮玉米种植专业合作社	青贮玉米
		哈尔滨垚牧青贮玉米种植专业合作社	青贮玉米
		黑龙江省铧镒农机专业合作社联合社	青贮玉米
		双城市奇奥青贮玉米种植专业合作社	青贮玉米
		双城市文权玉米种植专业合作社	青贮玉米

企业生产情况（续）

单位：家、吨

干草生产量	草捆	草块	草颗粒	草粉	其他	青贮生产量	草种生产量
49415	**46014**	**1400**	**1**	**1000**	**1000**	**14200**	
1750	1750						
460	460						
7917	7917						
750	750						
156	156						
360	360						
105	105						
580	580						
810	810						
120	120						
8000	8000						
4000	1000	1000		1000	1000	4000	
1200	800	400					
7206	7206						
16001	16000		1				
						10200	
63450	**63130**	**320**				**330478**	
						120000	
						4864	
						5977	
						55983	
						24138	
						14589	

7-6　各地区草产品加工

地　区	县类别	企业名称	饲草种类
		黑龙江省五七农场农业有限公司	青贮玉米
		通河县建农秸秆综合利用农民专业合作社	青贮玉米
		北大荒牧草种植合作社	紫花苜蓿
		黑龙江华菲农牧业发展有限公司	紫花苜蓿
		齐齐哈尔市卧兴牧草种植专业合作社	紫花苜蓿
		黑龙江省子兴秸秆加工有限公司	青贮玉米
	半牧区	黑龙江（甘南）瑞信达牧业有限公司	青贮玉米
		密山市黑台镇新福肉牛养殖场	青贮玉米
		大庆市博远草业有限公司	紫花苜蓿
	半牧区	肇州县汐泽草业经销处	羊草
	半牧区	林甸县巨润饲料有限责任公司	羊草
	牧区	杜尔伯特蒙古族自治县绿森草业有限公司	青贮玉米
	牧区	杜尔伯特蒙古族自治县远方苜蓿发展有限公司	紫花苜蓿
	半牧区	明水县洪泽饲草经销有限公司	羊草
	半牧区	黑龙江广海饲草种植专业合作社	羊草
	半牧区	黑龙江省柳氏草业有限公司	羊草
	半牧区	肇东市鸿旺饲草种植有限公司	羊草
	半牧区	肇东宋站农畜产品经销公司	羊草
江　苏 （4家）		东台市华荣农机服务专业合作社	青贮玉米
		大丰鼎盛农业有限公司	青贮玉米
			饲用大麦
		盐城市大丰区众鑫农业发展有限公司	青贮玉米
			饲用大麦
		江苏嘉诚农业	青贮玉米

企业生产情况（续）

干草生产量	草捆	草块	草颗粒	草粉	其他	青贮生产量	草种生产量
						4966	
						5171	
4490	4490						
320	320						
80	80						
						5500	
						80000	
						1450	
1400	1400						
3500	3500						
320		320					
						7840	
340	340						
20000	20000						
2000	2000						
14500	14500						
1500	1500						
15000	15000						
9450	**9450**					**170000**	
7950	7950						
						60000	
						40000	
						60000	
						10000	
1500	1500						

7-6　各地区草产品加工

地　区	县类别	企业名称	饲草种类
安　徽 （183家）			
		庐江县黄泥河畜禽养殖有限公司	青贮玉米
			其他一年生饲草
		庐江祥瑞养殖有限公司	青贮玉米
		开明生态农业有限公司	多花黑麦草
		秋实草业有限公司	青贮玉米
		五河县务本源民族畜牧养殖有限公司	青贮玉米
		现代牧业（五河）有限公司	青贮玉米
		令霞家庭农场	其他一年生饲草
		马鞍山市及农牧业有限公司	多年生黑麦草
		淮北市乐宠电子商务服务有限公司	紫花苜蓿
		安徽省百草园生态牧业有限公司	菊苣
		黄山市黄山区焦村镇九龙山种养合作社	青贮玉米
		黄山市徽州区裕农羊业有限公司	多年生黑麦草
			狼尾草
		来安县贾二养殖合作社	青贮玉米
		安徽乐道饲料有限公司	青贮玉米
		安徽全牧饲料有限公司	青贮玉米
		安徽元丰农业科技有限公司	青贮玉米
		临泉县翡蓝草业有限公司	青贮玉米
		颍上荃优农业科技发展有限公司	青贮玉米
		宿州荃优农业科技发展有限公司	青贮玉米
		宿州市草源牧业有限公司	青贮玉米
		宿州市宿牧养殖专业合作社	青贮玉米
		宿州市埇桥区欣恒草业农场	青贮玉米

企业生产情况（续）

单位：家、吨

干草生产量	草捆	草块	草颗粒	草粉	其他	青贮生产量	草种生产量
18269	**18239**	**31**				**809388**	
						3500	
8000	8000					500	
						25000	
28		28				196	
						80000	
						3434	
						140000	
1	1	1					
3900	3900					2000	
1250	1250						
800	800						
						150	
10	8	2				10	
						30	
100	100					100	
						12570	
						3020	
						8648	
						2172	
						15000	
						35352	
						14483	
						23516	
						11985	

7-6 各地区草产品加工

地　区	县类别	企业名称	饲草种类
		萧县五征农牧有限公司	青贮玉米
		安徽瑞江农牧科技有限公司	多花黑麦草
		安徽禾卓羊业专业合作社	青贮玉米
		安徽闽航牧业有限公司	青贮玉米
		安徽天润农业科技有限公司	青贮玉米
		安徽旺牧养殖专业合作社	青贮玉米
		安徽乡牛牧业有限公司	青贮玉米
		安徽亿丰养殖有限公司	青贮玉米
		安徽正源牧业有限公司	青贮玉米
		亳州市彭氏牧业有限公司	青贮玉米
		利辛郭雨豪养牛场	青贮玉米
		利辛县安守刚养殖专业合作社	青贮玉米
		利辛县百家兴种植专业合作社	青贮玉米
		利辛县犇腾牧业养殖场	青贮玉米
		利辛县秉鑫牧业有限责任公司	青贮玉米
		利辛县博昊家庭农场	青贮玉米
		利辛县昌业农林有限责任公司	青贮玉米
		利辛县成睿养殖家庭农场	青贮玉米
		利辛县承吉农机专业合作社	青贮玉米
		利辛县城关镇武少飞家庭农场	青贮玉米
		利辛县城运养殖场	青贮玉米
		利辛县程家集镇开心家庭农场	青贮玉米
		利辛县程家集镇寇长军养牛场	青贮玉米
		利辛县驰邦养殖专业合作社	青贮玉米
		利辛县大东家家庭农场	青贮玉米
		利辛县大李集镇明阳养殖场	青贮玉米

234

企业生产情况（续）

单位：家、吨

干草生产量						青贮生产量	草种生产量
	草捆	草块	草颗粒	草粉	其他		
2500	2500					2700	
1680	1680						
						8271	
						6058	
						686	
						1240	
						803	
						58684	
						19608	
						6310	
						1102	
						1629	
						4875	
						754	
						627	
						1407	
						4957	
						817	
						563	
						1269	
						708	
						808	
						3804	
						1635	
						1162	
						592	

7-6 各地区草产品加工

地　区	县类别	企业名称	饲草种类
		利辛县东菜园家庭农场	青贮玉米
		利辛县段伟家庭农场	青贮玉米
		利辛县二鹏再生资源有限公司	青贮玉米
		利辛县福满园种植专业合作社	青贮玉米
		利辛县富旺养殖场	青贮玉米
		利辛县郭风辉养殖场	青贮玉米
		利辛县郭炬养殖场	青贮玉米
		利辛县郭士珍养殖中心	青贮玉米
		利辛县翰宇养殖专业合作社	青贮玉米
		利辛县浩田养殖场	青贮玉米
		利辛县红玲家庭农场	青贮玉米
		利辛县宏茂养殖专业合作社	青贮玉米
		利辛县洪牧辰家庭农场	青贮玉米
		利辛县胡集镇家富养殖家庭农场	青贮玉米
		利辛县火焰种植专业合作社	青贮玉米
		利辛县纪王场乡顺丰家庭农场	青贮玉米
		利辛县江集镇富犇养殖场	青贮玉米
		利辛县江集镇纪伟养殖场	青贮玉米
		利辛县江集镇王宁养殖场	青贮玉米
		利辛县江集镇亿磊家庭农场	青贮玉米
		利辛县江洁建家庭农场	青贮玉米
		利辛县江鹭农业农民专业合作社	青贮玉米
		利辛县景鑫家庭农场	青贮玉米
		利辛县聚兴家庭农场	青贮玉米
		利辛县阚疃双龙种植专业合作社	青贮玉米
		利辛县阚疃镇程龙峰养殖场	青贮玉米

企业生产情况（续）

单位：家、吨

干草 生产量	草捆	草块	草颗粒	草粉	其他	青贮 生产量	草种 生产量
						1349	
						837	
						812	
						1756	
						3932	
						1114	
						975	
						1738	
						929	
						503	
						807	
						1641	
						971	
						1543	
						808	
						707	
						817	
						665	
						1598	
						1109	
						3243	
						586	
						1748	
						1899	
						17791	
						11435	

7-6 各地区草产品加工

地 区	县类别	企业名称	饲草种类
		利辛县阚疃镇佳祥养殖专业合作社	青贮玉米
		利辛县阚疃镇李悦家庭农场	青贮玉米
		利辛县阚疃镇美羊羊养殖专业合作社	青贮玉米
		利辛县康氏家庭农场	青贮玉米
		利辛县乐晨家庭农场	青贮玉米
		利辛县李浩种植专业合作社	青贮玉米
		利辛县李慧养殖场	青贮玉米
		利辛县刘波养牛场	青贮玉米
		利辛县刘兴远家庭农场	青贮玉米
		利辛县洛欧家庭农场	青贮玉米
		利辛县马店镇宏鹏养殖家庭农场	青贮玉米
		利辛县马店镇鸿基家庭农场	青贮玉米
		利辛县马军养殖专业合作社	青贮玉米
		利辛县马思英养殖场	青贮玉米
		利辛县茅草地牧业有限公司	青贮玉米
		利辛县明禹家庭农场	青贮玉米
		利辛县潘楼成强养殖场	青贮玉米
		利辛县潘楼聪聪养殖场	青贮玉米
		利辛县潘楼德旺养殖场	青贮玉米
		利辛县潘楼郭洪亮养殖场	青贮玉米
		利辛县潘楼宏和养殖场	青贮玉米
		利辛县潘楼洪军养殖场	青贮玉米
		利辛县潘楼李杰养殖场	青贮玉米
		利辛县潘楼刘传军养殖场	青贮玉米
		利辛县潘楼刘伟养殖场	青贮玉米
		利辛县潘楼六六顺养殖场	青贮玉米

企业生产情况（续）

单位：家、吨

干草生产量	草捆	草块	草颗粒	草粉	其他	青贮生产量	草种生产量
						767	
						2971	
						1414	
						1001	
						847	
						1186	
						1409	
						1778	
						2830	
						577	
						4239	
						1039	
						1295	
						1070	
						3312	
						635	
						1256	
						1088	
						509	
						1599	
						633	
						1652	
						1004	
						892	
						956	
						901	

7-6 各地区草产品加工

地　区	县类别	企业名称	饲草种类
		利辛县潘楼龙宇养殖场	青贮玉米
		利辛县潘楼隆诚养殖场	青贮玉米
		利辛县潘楼苏笛养殖场	青贮玉米
		利辛县潘楼旺而盛养殖场	青贮玉米
		利辛县潘楼杨胜蒙养殖场	青贮玉米
		利辛县潘楼杨永养殖场	青贮玉米
		利辛县潘楼振胜养殖场	青贮玉米
		利辛县潘楼镇宝强养殖场	青贮玉米
		利辛县潘楼镇郭庆养殖场	青贮玉米
		利辛县潘楼镇孙亚畜牧养殖农场	青贮玉米
		利辛县潘楼镇益达养殖场	青贮玉米
		利辛县启越养殖场	青贮玉米
		利辛县清霞农业发展有限公司	青贮玉米
		利辛县汝集镇佳乐家庭农场	青贮玉米
		利辛县汝集镇前进家庭农场	青贮玉米
		利辛县汝集镇秦良家庭农场	青贮玉米
		利辛县瑞达德家庭农场	青贮玉米
		利辛县森磊种植专业合作社	青贮玉米
		利辛县善益家庭农场	青贮玉米
		利辛县尚湖家庭农场	青贮玉米
		利辛县邵方洋家庭农场	青贮玉米
		利辛县沈明珠家庭农场	青贮玉米
		利辛县士锋家庭农场	青贮玉米
		利辛县嵩果葡萄种植专业合作社	青贮玉米
		利辛县孙集妍妍养殖场	青贮玉米
		利辛县孙集镇俊亮家庭农场	青贮玉米

企业生产情况（续）

单位：家、吨

干草生产量						青贮生产量	草种生产量
	草捆	草块	草颗粒	草粉	其他		
						1017	
						2473	
						677	
						2787	
						902	
						706	
						876	
						1329	
						1037	
						985	
						4080	
						867	
						513	
						725	
						793	
						1667	
						1023	
						5364	
						864	
						1455	
						619	
						1070	
						3116	
						667	
						1544	
						865	

7-6 各地区草产品加工

地　区	县类别	企业名称	饲草种类
		利辛县孙集镇李梦珅养殖场	青贮玉米
		利辛县孙集镇天志养殖专业合作社	青贮玉米
		利辛县孙集镇许兴华养牛场	青贮玉米
		利辛县孙集镇宇航家庭农场	青贮玉米
		利辛县孙庙乡汝讲理家庭农场	青贮玉米
		利辛县孙庙乡汝平家庭农场	青贮玉米
		利辛县孙庙乡汝振峰家庭农场	青贮玉米
		利辛县谭强种植专业合作社	青贮玉米
		利辛县通达农机专业合作社	青贮玉米
		利辛县王市镇民丰家庭农场	青贮玉米
		利辛县王市镇亚兴养殖专业合作社	青贮玉米
		利辛县王市镇以琳家庭农场	青贮玉米
		利辛县王杨建养殖专业合作社	青贮玉米
		利辛县旺宏种植有限责任公司	青贮玉米
		利辛县魏小二家庭农场	青贮玉米
		利辛县文斌养牛场	青贮玉米
		利辛县西潘楼老闫桥苑超林养殖场	青贮玉米
		利辛县西潘楼镇犇腾养殖场	青贮玉米
		利辛县西潘楼镇东王村金海生态养殖场	青贮玉米
		利辛县西潘楼镇郭殿权牛养殖场	青贮玉米
		利辛县西潘楼镇郭楼村郭子林养殖场	青贮玉米
		利辛县西潘楼镇郭子强养殖场	青贮玉米
		利辛县西潘楼镇魁灵养殖场	青贮玉米
		利辛县西潘楼镇老闫桥鑫锋养牛场	青贮玉米
		利辛县肖肖养殖专业合作社	青贮玉米
		利辛县欣浩翔生态科技有限公司	青贮玉米

企业生产情况（续）

单位：家、吨

干草生产量	草捆	草块	草颗粒	草粉	其他	青贮生产量	草种生产量
						1331	
						2113	
						1776	
						1066	
						1014	
						713	
						697	
						522	
						792	
						1340	
						1564	
						565	
						918	
						900	
						553	
						1650	
						1074	
						5136	
						517	
						1296	
						1171	
						943	
						1205	
						1076	
						974	
						9113	

7-6 各地区草产品加工

地 区	县类别	企业名称	饲草种类
		利辛县欣洋养殖场	青贮玉米
		利辛县鑫犇养殖专业合作社	青贮玉米
		利辛县杨程农业发展有限公司	青贮玉米
		利辛县叶本振养殖专业合作社	青贮玉米
		利辛县永兴镇腾朋种植专业合作社	青贮玉米
		利辛县韵文家庭农场	青贮玉米
		利辛县张村镇程卫争种植农场	青贮玉米
		利辛县张村镇高学民养殖场	青贮玉米
		利辛县张村镇李飞养牛场	青贮玉米
		利辛县张村镇马福同养殖场	青贮玉米
		利辛县张村镇民族村鑫發养殖场	青贮玉米
		利辛县张村镇牧源养殖场	青贮玉米
		利辛县张村镇前进养殖场	青贮玉米
		利辛县张村镇任开杰养殖场	青贮玉米
		利辛县张村镇四里何民族村益达养殖场	青贮玉米
		利辛县张村镇永盛养牛场	青贮玉米
		利辛县张村镇勇发养殖场	青贮玉米
		利辛县张可家庭农场	青贮玉米
		利辛县张胜仁家庭农场	青贮玉米
		利辛县张喜养殖专业合作社	青贮玉米
		利辛县赵勇养殖场	青贮玉米
		利辛县中疃镇保华养殖场	青贮玉米
		利辛县中疃镇海峰家庭农场	青贮玉米
		利辛县中疃镇海永养殖家庭农场	青贮玉米
		利辛县中疃镇刘强家庭牧场	青贮玉米
		利辛县中疃镇刘想养殖场	青贮玉米

企业生产情况（续）

干草生产量	草捆	草块	草颗粒	草粉	其他	青贮生产量	草种生产量
						583	
						2783	
						972	
						701	
						1947	
						1504	
						970	
						2428	
						6516	
						2602	
						3835	
						1502	
						660	
						1941	
						2506	
						1523	
						1766	
						893	
						739	
						928	
						2609	
						17155	
						1026	
						31010	
						2724	
						2799	

7-6　各地区草产品加工

地　区	县类别	企业名称	饲草种类
		利辛县中疃镇永康肉牛养殖场	青贮玉米
		利辛县中疃镇云志养殖场	青贮玉米
		利辛县众富祥龙养殖专业合作社	青贮玉米
		利辛县卓琪养殖专业合作社	青贮玉米
		利辛县紫豪家庭农场	青贮玉米
福　建 （1家）		罗运良牧草加工厂	其他一年生饲草
江　西 （17家）		武宁县鲁溪镇众犇养殖基地	狼尾草
		江西亿合农业农业开发有限公司	狼尾草
		江西巨苋生态农业科技有限公司	籽粒苋
		分宜县五和种养专业合作社	狼尾草
		赣州锐源生物科技有限公司	狼尾草
		宁都嘉荷牧业有限公司	狗尾草
		江西盛农农业发展有限公司	狼尾草
		泰和县顺兴牛料供应中心	狼尾草
		兴盛牧业	狼尾草
		腾达肉牛养殖场	狼尾草
		鑫子园牧业有限公司	狼尾草
		高安市欣鑫种羊繁养有限公司	狼尾草
		高安市裕丰农牧有限公司	狼尾草
		广昌县聚鑫肉牛养殖合作社	狼尾草
		广昌县兰氏肉牛养殖合作社	狼尾草
		广昌县双湖志远黄牛养殖合作社	狼尾草
		广昌县同福肉牛养殖合作社	狼尾草

企业生产情况（续）

单位：家、吨

干草生产量	草捆	草块	草颗粒	草粉	其他	青贮生产量	草种生产量
						17306	
						3756	
						1386	
						1513	
						1858	
1000	**1000**						
1000	1000						
11670	**10710**				**960**	**37085**	
						1000	
						3260	
960					960		
710	710						
10000	10000					3000	
						2305	
						1290	
						1800	
						4000	
						650	
						350	
						6150	
						11230	
						390	
						720	
						460	
						480	

7-6 各地区草产品加工

地 区	县类别	企业名称	饲草种类
山 东 （43家）			
		济南冠群牧业有限公司	青贮玉米
		济南市杰瑞牧业有限公司	青贮玉米
		济南市莱芜农高区翠红家庭农场	青贮玉米
		济南市莱芜农高区胜法畜牧养殖场	青贮玉米
		济南市莱芜区传强畜禽养殖场	青贮玉米
		济南市莱芜区和庄镇上崔肉牛养殖场	青贮玉米
		济南市莱芜区恒丰畜牧养殖专业合作社	青贮玉米
		济南市莱芜区卿熙家庭农场	青贮玉米
		济南市莱芜区润野家庭农场	青贮玉米
		济南市莱芜区英法养殖家庭农场	青贮玉米
		济南市莱芜区涌泉畜牧养殖专业合作社	青贮玉米
		济南市莱芜区宇卓养殖场	青贮玉米
		济南市莱芜区越航家庭农场	青贮玉米
		济南市莱芜区志伟畜禽养殖专业合作社	青贮玉米
		济南市莱芜雪野旅游区箐盛畜禽养殖专业合作社	青贮玉米
		济南市台头肉牛养殖有限公司	青贮玉米
		济南市兴盛养殖有限公司	青贮玉米
		济南市赢正农业科技有限公司	青贮玉米
		济南燕山畜禽养殖专业合作社	青贮玉米
		山东赢泰农牧科技有限公司	青贮玉米
		尚同（青岛）国际投资合伙企业（有限合伙）	紫花苜蓿
		淄博齐民农业发展有限公司	青贮玉米
		枣庄市胜元秸秆综合利用有限公司	青贮玉米
		莱阳市荣景农业发展专业合作社	青贮玉米

企业生产情况（续）

单位：家、吨

干草生产量	草捆	草块	草颗粒	草粉	其他	青贮生产量	草种生产量
23235	**22655**		**395**		**185**	**332623**	**60**
						1445	
						4551	
						2532	
						1958	
						1663	
						1507	
						1435	
						1910	
						884	
						966	
						1488	
						819	
						1284	
						2881	
						2364	
						2860	
						2256	
						1164	
						1964	
						4556	
						1320	
						16670	
						6800	
						73000	

7-6　各地区草产品加工

地　区	县类别	企业名称	饲草种类
		海阳市盛景农牧发展有限责任公司	青贮玉米
		海阳市由常岩养牛场	青贮玉米
		高密市佳禾秸秆专业合作社	青贮玉米
		昌邑圣达农机专业合作社	青贮玉米
		潍坊丰瑞农业科技有限公司	青贮玉米
			紫花苜蓿
		山东元顺秸秆综合利用有限公司	青贮玉米
		山东齐立新农业服务有限公司	紫花苜蓿
		德州农慧农牧业合作社联合社	青贮玉米
		山东润景农业科技有限公司	猫尾草
			饲用黑麦
			饲用燕麦
			紫花苜蓿
		阳谷县农业开发有限公司	紫花苜蓿
		高唐县五农畜牧养殖合作社	青贮玉米
		高唐县源犇有机肥有限公司	青贮玉米
		高唐县月刚秸秆回收有限公司	青贮玉米
		山东爱军秸秆饲料有限公司	青贮玉米
		山东荣达农业发展有限公司	青贮玉米
		山东绿风农业集体公司	紫花苜蓿
		山东赛尔生态经济技术开发有限公司	紫花苜蓿
		无棣棣旺种植专业合作社	紫花苜蓿
		无棣县禾茂草业有限公司	紫花苜蓿
河南 **（52 家）**			
		郑州丰裕农业种植有限公司	紫花苜蓿

企业生产情况（续）

单位：家、吨

干草生产量	草捆	草块	草颗粒	草粉	其他	青贮生产量	草种生产量
						3791	
						1069	
						53000	
						5000	
						7218	
						18000	
						1500	
						8899	
						57768	
100			90		10		
50			45		5		
70			60		10		
360			200		160		
						10150	
						4968	
						4639	
						5670	
						6176	
						6497	
6160	6160						60
11440	11440						
4005	4005						
1050	1050						
47475	**25722**	**21750**			**3**	**473577**	
1600	1600						

7-6　各地区草产品加工

地　区	县类别	企业名称	饲草种类
		登封市文龙农业服务有限公司	其他一年生饲草
		祥符区田园牧歌	饲用燕麦
		郑州田园牧歌草业有限公司	紫花苜蓿
		北京首农畜牧有限公司	青贮玉米
		兰考盛华春生态科技有限公司	其他多年生饲草
		兰考田园牧歌草业有限公司	紫花苜蓿
			紫花苜蓿
		河南省春天农牧科技有限公司	紫花苜蓿
		洛阳禾佳农业科技有限公司	其他多年生饲草
		冯氏农机专业合作社	其他一年生饲草
		小界乡嶕峣振兴农业合作社	其他多年生饲草
		洛阳常新生态农业科技有限公司	紫花苜蓿
		舞钢市绿风生物质原料回收有限公司	其他一年生饲草
		安阳县许家沟乡林永国玉米种植家庭农场	青贮玉米
		河南合博草业有限公司	紫花苜蓿
		郑州田园牧歌草业有限公司	饲用燕麦
			紫花苜蓿
		常建华草场	青贮玉米
		南阳市卧龙区农开饲草公司	青贮玉米
		镇平县敏霞牧业有限公司	紫花苜蓿
		邓州市沈兴饲草种植加工公司	紫花苜蓿
		邓州市正方饲草种植公司	青贮玉米
		永城市成领种植专业合作社	其他一年生饲草
		永城市四娃种植专业合作社	其他一年生饲草
		河南信昊源农业科技有限公司	青贮玉米
		河南秀蓝草牧业发展有限公司	其他多年生饲草

企业生产情况（续）

干草生产量	草捆	草块	草颗粒	草粉	其他	青贮生产量	草种生产量
						18000	
						1065	
						11555	
						50069	
						9016	
						97580	
						47498	
600	600						
						700	
5000	5000						
3000	3000						
750		750					
10000		10000					
						2000	
						21914	
						3584	
						15283	
						100	
						24500	
2675	2672				3	1206	
850	850						
						33365	
12000	12000					9500	
11000		11000				10000	
						3500	
						1200	

7-6 各地区草产品加工

地　区	县类别	企业名称	饲草种类
		信阳市明港德中肉牛养殖场	青贮玉米
		信阳市明港益畅家庭农场	青贮玉米
		信阳市南林实业有限公司	其他多年生饲草
		信阳市平桥区查山乡龙泉山生态养殖场	青贮玉米
		信阳市平桥区郭启锋果树种植家庭农场	青贮玉米
		信阳市平桥区宏牧畜牧养殖农民专业合作社	青贮玉米
		信阳市平桥区华源养殖场	青贮玉米
		信阳市平桥区金鑫肉牛养殖场	青贮玉米
		信阳市平桥区兰店乡宏润家庭农场	青贮玉米
		信阳市平桥区李道中养殖家庭农场	青贮玉米
		信阳市平桥区利诚养殖专业合作社	青贮玉米
		信阳市平桥区龙井洪山宏大养殖场	青贮玉米
		信阳市平桥区牧农种养殖合作社	青贮玉米
		信阳市平桥区勤丰生态养殖专业合作社	青贮玉米
		信阳市平桥区全胜专业种养殖家庭农场	青贮玉米
		信阳市平桥区万和种植专业合作社	其他多年生饲草
		信阳市平桥区鑫牧歌养殖有限公司	青贮玉米
		信阳市平桥区永进养殖专业合作社	青贮玉米
		信阳市平桥区正勇种养种养合作社	青贮玉米
		信阳市山头农业有限公司	青贮玉米
		信阳市喜阳阳牧业有限公司	青贮玉米
		信阳兴淮生态能源有限公司	其他多年生饲草
		河南省禾吉盛农业科技开发有限公司	其他多年生饲草
		泌阳县恒兴农业科技有限公司	青贮玉米
		泌阳县老冯种植养殖专业合作社	青贮玉米
		泌阳县盛茂农业专业合作社	青贮玉米

企业生产情况（续）

单位：家、吨

干草生产量	草捆	草块	草颗粒	草粉	其他	青贮生产量	草种生产量
						1922	
						3020	
						3851	
						3800	
						970	
						2600	
						278	
						3510	
						2800	
						1050	
						2835	
						3308	
						1450	
						2800	
						1050	
						2899	
						1451	
						1178	
						1030	
						2300	
						1565	
						1400	
						2070	
						36034	
						5571	
						5010	

7-6 各地区草产品加工

地　区	县类别	企业名称	饲草种类
湖　北 （18家）		泌阳县天赐种植专业合作社	青贮玉米
		泌阳县文水种植专业合作社	青贮玉米
		郧县安阳湖生态园有限公司	紫花苜蓿
		郧西县茂园牧草种植专业合作社	紫花苜蓿
		房县汇盛农作物废弃物资源化利用专业合作社	青贮玉米
		襄阳市襄州区李青秸秆综合利用专业合作社	青贮玉米
		襄阳市襄州区利国利民秸秆再利用专业合作社	青贮玉米
		襄阳市襄州区小荣子秸秆综合利用专业合作社	青贮玉米
		谷城县大自然农牧开发有限公司	多年生黑麦草
		老河口市金农丰养殖专业合作社	青贮玉米
		襄阳市沁和农牧有限公司	青贮玉米
		宜城市国庆农牧有限公司	青贮玉米
		荆门科牧	青贮青饲高粱
		湖北天耀秸秆综合利用专业合作社	青贮玉米
		湖北亿隆生物科技有限公司	青贮玉米
		黄冈市黄州区创丰农作物种植专业合作社	青贮玉米
		西藏邦达圣草生物科技有限公司团风分公司	狼尾草
		福辉农场	其他一年生饲草
湖　南 （8家）		康馨养殖专业合作社	青贮玉米
		利川市怀山牧业公司	青贮玉米
		建斌蔬菜种植合作社	青贮玉米
		湖南力辉生态农业发展有限公司	多年生黑麦草
		耒阳市白毛农业有限公司	牛鞭草

企业生产情况（续）

单位：家、吨

干草生产量	草捆	草块	草颗粒	草粉	其他	青贮生产量	草种生产量
						5763	
						10427	
114931	**96003**	**15752**	**85**	**1031**	**2060**	**82562**	
410	410					1650	
215	100	30	60	15	10	200	
						6500	
3520		3520				2600	
5200	2300	2900				7100	
1920		1920				3670	
383	360	2	10	1	10		
						8600	
6730	4630	2100				8250	
10720	8620	2100				13880	
51000	45000	3000		1000	2000		
15112	15112					14810	
11121	11121					10802	
1650	1650					1300	
4800	4800						
1000	1000						
1150	900	180	15	15	40	1000	
						2200	
56121	**54345**	**248**		**320**	**1207**	**49804**	**4**
3001	3000					30000	
18250	18250						
32850	32850						

7-6 各地区草产品加工

地　区	县类别	企业名称	饲草种类
		湖南德人草业科技有限公司	青贮玉米
			紫花苜蓿
		阳光乳业第一牧场	紫花苜蓿
		双峰县鸿运农民专业合作社	其他多年生饲草
		娄底市草业科学研究所	多花黑麦草
		至朴牧业	青贮玉米
广　东 （5家）		湛江市循环农业发展有限公司	狼尾草
		广东羽街农业发展有限公司	狼尾草
		广东利雅农业有限公司	狼尾草
		梅州彧园山仁农业有限公司	狼尾草
		阳江市丰焱农业发展有限公司	青贮玉米
广　西 （19家）		兴安县金牧种养专业合作社	其他多年生饲草
		广西左式宏达农业有限公司	狼尾草
			青贮玉米
		田阳山友现代农业综合开发有限公司	狼尾草
		田阳县四季丰畜牧业有限公司	狼尾草
			青贮玉米
		那坡县天宇开发项目有限公司	狼尾草
		河池市钦奕农业有限公司	狼尾草
		忻城县润泽种养专业合作社	其他多年生饲草
		忻城县逸程生态农牧有限公司	其他多年生饲草
		武宣县二塘镇赵广生养牛场	其他多年生饲草

企业生产情况（续）

单位：家、吨

干草生产量	草捆	草块	草颗粒	草粉	其他	青贮生产量	草种生产量
						8000	
						5000	
493	245	248				798	
320				320			
1207					1207	4506	4
						1500	
1360	**1360**					**15302**	
						3920	
						6500	
						982	
1360	1360						
						3900	
21832	**17900**	**3932**				**96642**	
						8000	
						6101	
						2255	
						3276	
						3601	
						5367	
3782		3782				9807	
						2090	
2000	2000						
7900	7900						
						3570	

7-6 各地区草产品加工

地　区	县类别	企业名称	饲草种类
		武宣县汇丰育牛专业合作社	其他多年生饲草
		武宣县金穗丰牧草种植专业合作社	青贮玉米
		武宣县兴丰致富牧草种植专业合作社	青贮玉米
		武宣县裕丰玉米种植专业合作社	青贮玉米
		扶绥县山圩镇农民专业合作社	狼尾草
		广西汇创牧业有限公司	狼尾草
		大新县乐天生态农业有限公司	青贮玉米
		大新县那岭五一种养专业合作社	青贮玉米
			其他多年生饲草
		大新县上甲生态农业有限公司	青贮玉米
			其他多年生饲草
		大新县四季草料储仓加工厂	青贮玉米
			其他多年生饲草
			其他一年生饲草
海　南 （2家）		中世纪生态农牧发展（海南）股份有限公司	其他多年生饲草
		东方市红兴玉翔养殖农民专业合作社	青贮玉米
重　庆 （4家）			
		重庆市小白水农业开发有限公司	狼尾草
		丰都县大地牧歌	狼尾草
			青贮青饲高粱
			青贮玉米
		酉阳县翰勇皇竹草种植专业合作社	狼尾草
		重庆如泰裕丰农业公司	狼尾草

企业生产情况（续）

单位：家、吨

干草 生产量	草捆	草块	草颗粒	草粉	其他	青贮 生产量	草种 生产量
						3600	
						8200	
						9700	
						6300	
2000	2000					0	
6000	6000					0	
						426	
						6900	
						4900	
						2500	
						8400	
						500	
						1150	
150		150				0	
2500	**2500**					**10000**	
2500	2500						
						10000	
5000	**5000**					**12559**	
						1759	
						8600	
						900	
						500	
						800	
5000	5000						

7-6 各地区草产品加工

地　区	县类别	企业名称	饲草种类
四川 （59家）			
		合江榕麓家庭农场	狼尾草
		泸州东牛牧场科技有限公司	青贮玉米
		四川古蔺牛郎牧业投资发展有限公司	多年生黑麦草
		安县原野畜禽养殖有限公司	其他多年生饲草
		绵阳市九升农业科技有限公司	青贮玉米
			其他多年生饲草
		涪城村股份经济合作联合社（芦溪镇）	青贮玉米
		磊潇农业合作社	青贮玉米
		绵阳市隆豪农业有限责任公司（三台县刘营镇）	青贮玉米
		绵阳市绿瑞农业开发有限公司	青贮玉米
		绵阳市卓诚康达农业开发有限公司（灵兴镇）	青贮玉米
		绵阳泰平农贸科技有限公司（永明镇）	青贮玉米
		三台县东平麦冬种植加工专业合作社（芦溪镇）	青贮玉米
		三台县豪发家庭农场	青贮玉米
		三台县何建林肉牛养殖场（潼川镇）	其他多年生饲草
		三台县凯亿吉农业综合开发有限责任公司	青贮玉米
		三台县龙树镇倍丰粮油种植专业合作社	青贮玉米
		三台县志宏秸秆资源利用加工厂	青贮玉米
		四川金丰牧农业有限公司（三台县古井镇）	其他多年生饲草
		四川讯美恒农业科技有限公司（三台县石安镇）	其他多年生饲草
		杨昌耀家庭农场（芦溪镇）	青贮玉米
		永利农业有限责任公司	青贮玉米
		钰呈种植专业合作社	青贮玉米
		三江源家庭农场	青贮玉米

企业生产情况（续）

单位：家、吨

干草生产量	草捆	草块	草颗粒	草粉	其他	青贮生产量	草种生产量
9284	**4788**	**3**	**101**	**2180**	**2213**	**485667**	**260**
132	120				12		
						5002	
570	570					310	
						9000	
						42000	
						5000	
						10000	
						5000	
						20000	
						7000	
						7000	
						20000	
						10000	
						10000	
						4500	
						8600	
						5000	
						4000	
						4000	
						2860	
						12000	
						5000	
						2000	
						1800	

7-6　各地区草产品加工

地　区	县类别	企业名称	饲草种类
			其他多年生饲草
		盐亭盛兴丰农牧有限公司	其他多年生饲草
		盐亭顺康农牧有限公司	青贮玉米
			其他多年生饲草
		盐亭四友牧草种植专业合作社	其他多年生饲草
		任宝家庭农场	青贮玉米
			其他多年生饲草
		北川林鑫家庭农场	青贮玉米
		罗国全个体户	青贮玉米
		绵阳市森九农业科技有限公司	青贮玉米
		广元市万牧佳农牧科技有限公司	青贮玉米
		四川那座山农业开发有限公司	青贮玉米
		四川宝莱肉牛养殖专业合作社	青贮玉米
		四川丰狮源农业科技有限公司	青贮玉米
		四川尚绿农牧发展有限公司	青贮玉米
		江安县憨石牧业有限公司	青贮青饲高粱
			青贮玉米
		广安绿倍龙草业有限责任公司	狼尾草
		四川天道牧场生态农业科技有限公司	狼尾草
		中科韶华（广安）生态农业有限公司	狼尾草
		四川缘满宏圃生态农业有限公司	狼尾草
		四川环宇金牛科创生态农业科技有限公司	狗尾草
		达州助农有机生物技术开发有限公司	青贮玉米
		李世贵	青贮玉米
		万源市犇鑫牧业有限公司	青贮玉米
		万源市禾天下农牧科技有限公司	青贮玉米

企业生产情况（续）

单位：家、吨

干草生产量	草捆	草块	草颗粒	草粉	其他	青贮生产量	草种生产量
1000					1000	1520	
						2200	
						4500	
1000					1000	8450	
						3000	
						3000	
						100	
						11000	
						300	
						10200	
						2500	
						2800	
						3500	
						6500	
						3300	
						5100	
						7600	
1200			100	900	200	5000	100
						2500	120
700				700		5000	40
						150000	
						8500	
						5000	
						600	
						1500	
						5000	

7-6　各地区草产品加工

地　区	县类别	企业名称	饲草种类
贵　州 （16家）		万源市金国农业开发有限公司	青贮玉米
		万源市经隆农业有限责任公司	青贮玉米
		万源市玖盛农业综合有限责任公司	青贮青饲高粱
	半牧区	阿坝美乐捷泽农业开发有限公司	多年生黑麦草
	牧区	阿坝县现代畜牧产业发展有限责任公司	饲用燕麦
	牧区	班佑牧人藏文化乡村旅游农民专业合作社	披碱草
	牧区	麦溪乡兴隆草业农民专业合作社	披碱草
	牧区	四川和牧牧业有限责任公司	老芒麦
	半牧区	凉山升腾牧草业有限公司	青贮玉米
	半牧区	盐源县白乌镇饲草种养殖专业合作社	青贮玉米
	半牧区	盐源县洪泰农业发展有限公司	青贮玉米
	半牧区	盐源优之源农业有限公司	青贮玉米
	半牧区	吉龙种养殖专业合作社	多年生黑麦草
	半牧区		紫花苜蓿
	半牧区	布拖县建茂苦荞有限责任公司	其他多年生饲草
	半牧区	冕宁县昕安农业有限责任公司	青贮玉米
	半牧区	美姑县和丰农业投资发展有限责任公司	其他多年生饲草
		贵州天龙秸秆综合利用有限公司	青贮玉米
		关岭华云养殖有限公司	狼尾草
			青贮玉米
		关岭嘉讯农业发展有限责任公司	狼尾草
			青贮玉米
		关岭龙茂牧业有限公司	青贮玉米
		贵州欣大牧农业发展有限公司	狼尾草

企业生产情况（续）

单位：家、吨

干草生产量	草捆	草块	草颗粒	草粉	其他	青贮生产量	草种生产量
						1500	
						2500	
						800	
1200	1200						
330	330						
500	500						
300	300						
1759	1759					2	
						12000	
						2400	
						2400	
						2400	
270					270		
310					310		
13	9	3	1		1		
						1500	
						1423	
155	**155**					**237226**	
						8400	
						1000	
						4300	
						3574	
						18500	
						10800	
						5400	

7-6 各地区草产品加工

地 区	县类别	企业名称	饲草种类
			青贮玉米
		大方县肉牛产业发展有限公司	青贮玉米
		赫章县月亮洞养殖农民专业合作社	狼尾草
		印江军缘生态科技发展有限公司	青贮青饲高粱
		贵州叶霖农业科技开发有限公司	狼尾草
		松桃大路金盆函种养殖专业合作社	狼尾草
			青贮玉米
		松桃丰枫合作社	狼尾草
			青贮玉米
		松桃健达动物防疫专业合作社联合社	狼尾草
			青贮玉米
		贵州仁山仁海生态牧业有限公司	狼尾草
		安龙县智振牧草秸秆回收加工厂	青贮玉米
		黄平县禾牧农业专业合作社	青贮玉米
		贵州恒兴农业发展有限公司	青贮青饲高粱
云 南 （58家）		宣威市惠众源种植养殖专业合作社	青贮玉米
			饲用燕麦
		腾冲瑞鑫农业科技有限公司	青贮玉米
		永胜县共富种养专业合作社	多年生黑麦草
		华坪县通达乡鑫陆养殖场	青贮玉米
		宁蒗县惠农果蔬有限公司	青贮玉米
		墨江县良丰农业科技有限公司	青贮玉米
		景东安定沙拉村饲草加工厂	其他多年生饲草
		景东洪涛养殖场	其他多年生饲草

企业生产情况（续）

单位：家、吨

干草生产量	草捆	草块	草颗粒	草粉	其他	青贮生产量	草种生产量
						4100	
						66100	
120	120					6500	
						3000	
						30000	
						11200	
						5000	
						16000	
						6000	
						12000	
						2000	
						1200	
						2	
						22000	
35	35					150	
41600	**32900**	**1200**		**500**	**7000**	**317110**	
						9000	
1200	1200					2000	
						4200	
1700		1200		500			
						603	
7000					7000	7000	
						1200	
600	600					600	
2300	2300					2300	

7-6 各地区草产品加工

地　区	县类别	企业名称	饲草种类
		景东康兴肉牛农业专业合作社	其他多年生饲草
		景东康庄肉牛养殖农民专业合作社	其他多年生饲草
		景东林街丁帕饲草加工厂	其他多年生饲草
		景东林街林街村饲草加工厂	其他多年生饲草
		景东林街南骂饲草加工厂	其他多年生饲草
		景东林街清河饲草加工厂	其他多年生饲草
		景东林街岩头饲草加工厂	其他多年生饲草
		景东漫湾保甸村饲草加工厂	其他多年生饲草
		景东漫湾五里村饲草加工厂	其他多年生饲草
		景东速南三农综合开发服务部	其他多年生饲草
		景东太忠三合村饲草加工厂	其他多年生饲草
		景东望龙养殖农民专业合作社	其他多年生饲草
		景东文帮天牧养殖专业合作社	其他多年生饲草
		景东县万众养殖农民专业合社	其他多年生饲草
		景东乡源种植农民专业合作社	其他多年生饲草
		景东垚丰果蔬种植农民专业合作社	其他多年生饲草
		景东彝族自治县瓦窑三农综合开发服务部	其他多年生饲草
		景东彝族自治县文会三农综合开发部	其他多年生饲草
		普洱红发牧业发展有限公司	其他多年生饲草
		普洱犇牛农业发展有限公司	狼尾草
		孟连鑫喜农业开发有限公司、普洱惠祥农业开发科技有限公司、孟连瀚海生态农业有限公司	其他多年生饲草
		澜沧长坤农业发展有限公司	青贮玉米
		西盟谋生畜牧发展有限公司	青贮玉米
		西盟三江并流牧业有限公司	青贮玉米
		西盟土永规品种改良养牛场	青贮玉米

企业生产情况（续）

单位：家、吨

干草生产量	草捆	草块	草颗粒	草粉	其他	青贮生产量	草种生产量
520	520					520	
1100	1100					1100	
400	400					400	
3000	3000					3000	
400	400					400	
400	400					400	
400	400					400	
1100	1100					1100	
800	800					800	
2800	2800					2800	
500	500					500	
400	400					400	
580	580					580	
3000	3000					3000	
1200	1200					1200	
1100	1100					1100	
1100	1100					1100	
5000	5000					5000	
3500	3500					3500	
						2300	
						40000	
						2180	
						867	
						5787	
						584	

7-6 各地区草产品加工

地　区	县类别	企业名称	饲草种类
		西盟佤农养殖农民专业合作社	青贮玉米
		西盟县岩办养牛场	青贮玉米
		西盟信瑞畜牧发展有限公司	青贮玉米
		西盟迅驰农牧有限公司	青贮玉米
		西盟岩帅嫩养牛场	青贮玉米
		西盟岩双养牛场	青贮玉米
		临沧万林肉牛养殖有限公司	青贮玉米
		沧源勐诚农业发展有限公司	青贮玉米
		蒙自市林产业投资有限责任公司	青贮玉米
		白水镇果衣草料收购站	青贮玉米
		白水镇平田草料收购站	青贮玉米
		白水镇山黑草料收购站	青贮玉米
		白水镇直邑草料收购站	青贮玉米
		泸西县小阿棚草站	青贮玉米
		向阳鲁黑草料收购站	青贮玉米
		文山市家合牧茂养殖专业合作社	其他多年生饲草
		大理市利波奶牛养殖专业合作社	青贮玉米
		大理市农源牧业发展有限公司	青贮玉米
		云南鸿林饲料有限公司	青贮玉米
		云南永中饲料有限责任公司	青贮玉米
		微物（巍山）农业科技有限公司	青贮玉米
		巍山县云牧之源种植专业合作社	青贮玉米
		剑川聚源农业科技有限公司	青贮玉米
		云南八佳山草业有限公司	青贮玉米
		德宏州彩云琵琶有限公司	其他多年生饲草

企业生产情况（续）

单位：家、吨

干草生产量						青贮生产量	草种生产量
	草捆	草块	草颗粒	草粉	其他		
						346	
						679	
						303	
						2899	
						450	
						282	
						7110	
						1400	
						90000	
						4064	
						5689	
						12546	
						7787	
						8896	
						12565	
						9000	
						6854	
						8375	
						2899	
						3608	
						7200	
						4100	
						6716	
						6623	
1500	1500					800	

7-6　各地区草产品加工

地　区	县类别	企业名称	饲草种类
西　藏 （9家）		达孜区金麦穗农业科技有限公司	青贮玉米
			饲用燕麦
	半牧区	康马涅如堆乡种养殖农民专业合作社联合社	饲用燕麦
	半牧区	康马县嘎夏草业基地农牧民专业合作社	饲用小黑麦
	半牧区	康马县涅如麦乡白顿涅雄短期育肥农牧民专业 合作社	饲用燕麦
	牧区	珠峰农投公司、萨嘎县昌果乡昌果村、亚卡亚 村，达吉岭乡帕顿村合作社	饲用燕麦
	半牧区	西藏昌都市类乌齐县吉多乡香巴村饲草加工基地	饲用燕麦
	半牧区	西藏蕃腾农牧生态有限公司	饲用燕麦
		西藏察隅县美源生态农牧业科技发展有限公司	青贮玉米
	牧区	那曲市牧发公司	饲用青稞
陕　西 （83家）		西安市益农秸秆综合利用专业合作社	青贮玉米
		西安博赫牧业有限公司	青贮玉米
		西安市临潼区北田街办西渭牧场	青贮玉米
		西安市临潼区泰盛牧业有限公司	青贮玉米
		西安市临潼区相桥街办南王养殖场	青贮玉米
		西安市临潼区阳光牧业有限责任公司	青贮玉米
		西安昕洋牧业有限责任公司	青贮玉米
		西安兴盛源牧业有限公司	青贮玉米
		宝鸡市金台蟠龙富民秸秆综合利用合作社	青贮玉米
		宝鸡市金台区丰亿农民专业合作社	其他一年生饲草
		宝鸡市裕凯达种养殖农民专业合作社	其他一年生饲草

企业生产情况（续）

单位：家、吨

干草生产量	草捆	草块	草颗粒	草粉	其他	青贮生产量	草种生产量
9080	**8625**	**284**	**172**			**9230**	
						7230	
915	915						
1320	900	250	170				
72	60	12					
134	110	22	2				
2090	2090						
650	650						
2100	2100						
						2000	
1800	1800						
50223	**40223**	**7000**	**1500**	**1500**		**420625**	**5**
						15000	
						3800	
						2000	
						2403	
						5000	
						8000	
						7000	
						4002	
						6000	
500	500						
2000	2000						

7-6 各地区草产品加工

地　区	县类别	企业名称	饲草种类
		宝鸡得力康乳业有限公司岐山奶牛场	青贮玉米
		宝鸡凯农牧业有限责任公司	青贮玉米
		宝鸡秦宝良种牛繁育责任有限公司	青贮玉米
		岐山县嘉泰隆奶牛场	青贮玉米
		岐山县绿叶牧业有限公司	青贮玉米
		宝鸡澳华现代牧业有限责任公司	青贮玉米
		陕西宏军现代牧业有限公司	青贮玉米
		现代牧业（宝鸡）有限公司	青贮玉米
		陇县金田地草业有限公司	青贮玉米
			紫花苜蓿
		陇县绿镱小冠花种植合作社	其他多年生饲草
		陇县鑫瑞牧草种植合作社	紫花苜蓿
		陕西峻成智慧牧业科技公司	青贮玉米
			紫花苜蓿
		千阳县八戒牛场	青贮玉米
		千阳县千顺祥饲草配送中心	紫花苜蓿
		千阳县瑞银牛场	青贮玉米
		千阳县向阳奶畜合作社	青贮玉米
		三原县富八方秸秆专业合作社	其他一年生饲草
		陕西牧草丰源农业科技发展有限公司	青贮玉米
		陕西澳美慧科技有限公司（陕西省奶牛中心）	青贮玉米
		陕西澳美慧科技有限公司二场	青贮玉米
		陕西建兴奶牛繁育有限公司	青贮玉米
		陕西泾阳晨辰奶牛养殖专业合作社	青贮玉米
		陕西泾阳祥泰牧业有限责任公司	青贮玉米
		乾县高荣养殖专业合作社	青贮玉米

企业生产情况（续）

单位：家、吨

干草生产量	草捆	草块	草颗粒	草粉	其他	青贮生产量	草种生产量
						7880	
						15800	
						6600	
						7600	
						6600	
						7100	
						4750	
						12350	
						2760	
2025	2025					675	
							5
						1260	
						1200	
1575	1575						
						4000	
1000	1000						
						3000	
						4000	
998	998						
2400	2400						
						35000	
						25600	
						23000	
						7000	
						9700	
						3283	

7-6 各地区草产品加工

地　区	县类别	企业名称	饲草种类
		乾县嘉和奶牛养殖农民专业合作社	青贮玉米
		乾县农兴奶牛养殖农民专业合作社	青贮玉米
		乾县启源养殖专业合作社	青贮玉米
		乾县群星奶牛养殖农民合作社	青贮玉米
		乾县泰盛养殖专业合作社	青贮玉米
		乾县鑫润奶牛养殖农民专业合作社	青贮玉米
		乾县益万佳养殖农民合作社	青贮玉米
		乾县煜丰奶牛养殖农民专业合作社	青贮玉米
		乾县泽顺养殖专业合作社	青贮玉米
		乾县众益丰养殖专业合作社	青贮玉米
		陕西康构草业有限公司	其他多年生饲草
		渭南盛丰牧业科技有限公司	紫花苜蓿
		高台黄米山村种养殖专业合作社	青贮玉米
		延安秀延种养殖生态专业合作社	青贮玉米
		子长市保成种牛养殖专业合作社	青贮玉米
		子长市鼎惠种养殖专业合作社	青贮玉米
		子长市富民种养殖专业合作社	青贮玉米
		子长市富祥养牛专业合作社	青贮玉米
		子长市建明肉牛有限公司	青贮玉米
		子长市金硕种养殖主要合作社	青贮玉米
		子长市绿色家园种养殖合作社	青贮玉米
		子长市瑞鑫种养殖专业合作社	青贮玉米
		子长市润平种养殖农业合作社	青贮玉米
		子长市塑瑞种养殖专业合作社	青贮玉米
		子长市新寨河无公害大棚油桃专业合作社	青贮玉米
		子长市兴茂园养殖专业合作社	青贮玉米

企业生产情况（续）

单位：家、吨

干草生产量	草捆	草块	草颗粒	草粉	其他	青贮生产量	草种生产量
						5903	
						2728	
						2053	
						1968	
						1068	
						6100	
						2422	
						760	
						1200	
						2232	
						13500	
2325	2325						
						350	
						350	
						1200	
						500	
						2800	
						4500	
						600	
						1000	
						800	
						2600	
						200	
						1000	
						4500	
						400	

7-6　各地区草产品加工

地　区	县类别	企业名称	饲草种类
		子长市兴民种养殖专业合作社	青贮玉米
		子长市长丰果树专业合作社	青贮玉米
		子长市众富农牧科技发展有限公司	青贮玉米
		洋县胜泰秸秆机械化综合利用专业合作社	青贮玉米
		陕西好禾来草业公司	紫花苜蓿
		陕西兆泰晟农业有限公司	紫花苜蓿
		榆林补浪河村合作社	紫花苜蓿
		榆林禾郡农业科技有限公司	紫花苜蓿
		榆阳区伙伴农民种植专业合作社	饲用燕麦
		榆阳区金豆子农民种植专业合作社	紫花苜蓿
		榆阳区金鸡滩村合作社	紫花苜蓿
		榆阳区色草湾村合作社	紫花苜蓿
		榆阳区小壕兔特拉彩当村	紫花苜蓿
		鑫兴农贸有限公司	紫花苜蓿
		定边县嵘盛农牧发展有限公司	紫花苜蓿
		陕西草坚强农牧发展有限公司	紫花苜蓿
		神木市富皇农民专业合作社	紫花苜蓿
		神木市农丰农业科技有限公司	青贮玉米
		神木市沃丰源生态农牧有限公司	紫花苜蓿
		神木市玉翠农民专业合作社	青贮玉米
		洛南县金穗香饲草加工专业合作社	青贮玉米
甘　肃 （416家）		陕西省农垦集团陕西华阴农场有限责任公司	青贮玉米
	半牧区	甘肃永沃农业有限公司	饲用燕麦
		皋兰方常观光农业专业合作社	青贮玉米

企业生产情况（续）

单位：家、吨

干草生产量	草捆	草块	草颗粒	草粉	其他	青贮生产量	草种生产量
						4000	
						3800	
						300	
4500		4500					
1500	1000		500			2000	
800	800						
1500	1500						
3000	3000					1000	
1000	1000						
1000	1000						
3000	3000						
500	500						
600	600						
8000	4000	2000	1000	1000			
5000	5000					8000	
2000	2000						
1500	1000			500			
						2000	
2000	2000						
						5200	
1500	1000	500				30000	
						61228	
1918209	**1247665**	**22614**	**551047**	**86436**	**10447**	**2331040**	**2388**
1200	1200						
						2700	

7-6 各地区草产品加工

地 区	县类别	企业名称	饲草种类
		皋兰黑石同荣养殖场	紫花苜蓿
		皋兰沃达农业发展专业合作社	青贮玉米
		皋兰原牧养殖专业合作社	紫花苜蓿
		榆中吉江牧业科技有限公司	青贮玉米
			饲用块根块茎作物
		榆中鑫鹏牧草种植有限公司	青贮玉米
			饲用燕麦
			紫花苜蓿
		甘肃宏德森农业有限公司	紫花苜蓿
		甘肃绿田园农业有限公司	紫花苜蓿
		兰州牧工商有限责任公司新区牧场	青贮玉米
			饲用燕麦
		兰州新区金穗禾田农业有限责任公司	紫花苜蓿
		兰州新区天硕农民专业合作社	青贮玉米
			紫花苜蓿
		兰州新区王川劳务农机服务公司	紫花苜蓿
		兰州新区现代农业投资集团	青贮玉米
			饲用燕麦
			紫花苜蓿
		甘肃农垦金昌农场有限公司	青贮玉米
			紫花苜蓿
	半牧区	丰泽园农民种植专业合作社	饲用燕麦
	半牧区	甘肃牧源鑫农牧科技有限公司	紫花苜蓿
	半牧区	甘肃田艺农牧科技有限公司	紫花苜蓿
	半牧区	甘肃沃农达生物科技有限公司	青贮玉米
	半牧区	甘肃杨柳青牧草公司	紫花苜蓿

企业生产情况（续）

单位：家、吨

干草生产量	草捆	草块	草颗粒	草粉	其他	青贮生产量	草种生产量
40	40						
						3000	
340	340						
						2500	
						6500	
800	800						
300	300						
100	100						
2373	2373					6000	
800	800						
						24000	
1080	1080						
124	124					3000	
402	402					10000	
512	512						
3800	3800						
						15000	
2770	2770						
1100	1100						
						140000	
1530	1530					27000	
2700	2700						
5000			5000				
2400	2400						
						4800	
20000	10000		10000				

7-6 各地区草产品加工

地 区	县类别	企业名称	饲草种类
	半牧区	甘肃元生农牧科技有限公司	青贮玉米
	半牧区	金昌丰清源种植农民专业合作社	紫花苜蓿
	半牧区	金昌富惠捷种植农民专业合作社	紫花苜蓿
	半牧区	金昌和顺农牧业发展有限公司	紫花苜蓿
	半牧区	金昌恒坤源土地流转农民专业合作社	紫花苜蓿
	半牧区	金昌金大地牧草种业公司	紫花苜蓿
	半牧区	金昌三杰牧草有限公司	紫花苜蓿
	半牧区	金昌市金方向草业有限责任公司	紫花苜蓿
	半牧区	金昌市新漠北养殖农牧专业合作社	紫花苜蓿
	半牧区	金昌天赐农业科技有限责任公司	紫花苜蓿
	半牧区	金昌拓农农牧发展有限公司	紫花苜蓿
	半牧区	开源草业合作社	紫花苜蓿
	半牧区	牧丰农业	紫花苜蓿
	半牧区	清河绿洲源万只肉羊繁育场	紫花苜蓿
	半牧区	天晟农牧科技发展有限公司	紫花苜蓿
	半牧区	欣海公司	紫花苜蓿
	半牧区	星海养殖合作社	紫花苜蓿
	半牧区	永昌宝光农业科技发展有限公司	紫花苜蓿
	半牧区	永昌露源农牧科技有限公司	饲用燕麦
	半牧区	永昌牧羊农牧业发展有限公司	紫花苜蓿
	半牧区	永昌润鸿草业公司	紫花苜蓿
	半牧区	永昌圣基中药材种植专业合作社	紫花苜蓿
	半牧区	永昌天一农资有限公司	紫花苜蓿
	半牧区	永昌县佰川草业科技有限公司	紫花苜蓿
	半牧区	永昌县诚信聚义种植农民专业合作社	紫花苜蓿
	半牧区	永昌县德牧源农民专业合作社	紫花苜蓿

企业生产情况（续）

单位：家、吨

干草生产量	草捆	草块	草颗粒	草粉	其他	青贮生产量	草种生产量
2000	2000					3456	
2048	2048						
2400	2400						
2460	2460						
2804	2804						
2684	2684						
5394	5394						
1492				1492			
5893	5893						
2000	2000						
2829	2829						
2250	2250						
2752	2752						
2000	2000						
2705	2705						
2926	2926						
3080	3080						
20000	10000		10000				
3650	3650						
2478	2478						
3078	3078						
2720	2720						
1056	1056						
2560	2560						
2480	2480						
1360	1360						

7-6 各地区草产品加工

地 区	县类别	企业名称	饲草种类
	半牧区	永昌县东寨镇兴农牧田农牧综合农民专业合作社	紫花苜蓿
	半牧区	永昌县孵玉种植农民专业合作社	紫花苜蓿
	半牧区	永昌县浩坤草业有限公司	紫花苜蓿
	半牧区	永昌县恒昌源种植农民专业合作社	紫花苜蓿
	半牧区	永昌县弘燕种植农民专业合作社	饲用燕麦
	半牧区	永昌县红柳牧业科技发展有限公司	紫花苜蓿
	半牧区	永昌县花海种植家庭农场	紫花苜蓿
	半牧区	永昌县金草鑫种植农民专业合作社	紫花苜蓿
	半牧区	永昌县金实农丰种植农民专业合作社	青贮玉米
	半牧区	永昌县康田农牧农民专业合作社	紫花苜蓿
	半牧区	永昌县坤艮润禾种植农民专业合作社	紫花苜蓿
	半牧区	永昌县禄丰草业有限公司	紫花苜蓿
	半牧区	永昌县绿海农产品种植农民专业合作社	紫花苜蓿
	半牧区	永昌县马家坪村幸福家庭农场	青贮玉米
	半牧区	永昌县农盛宇种植农民专业合作社	紫花苜蓿
	半牧区	永昌县亲勤种植农民专业合作社	紫花苜蓿
	半牧区	永昌县沁纯草业有限公司	紫花苜蓿
	半牧区	永昌县庆源丰高效节水农业开发有限责任公司	紫花苜蓿
	半牧区	永昌县润泽祥种植农民专业合作社	青贮玉米
	半牧区	永昌县新城子镇金沃土种植综合农民专业合作社	饲用燕麦
	半牧区	永昌县新科源农牧农民专业合作社	紫花苜蓿
	半牧区	永昌县煜炜种养殖家庭农场	紫花苜蓿
	半牧区	永昌县珠海草业科技有限公司	紫花苜蓿
	半牧区	永昌县紫花新科农业开发有限公司	紫花苜蓿
	半牧区	甘肃麦诺农业发展有限公司	紫花苜蓿
	半牧区	甘肃永泰种养殖农民专业合作社	紫花苜蓿

企业生产情况（续）

单位：家、吨

干草生产量						青贮生产量	草种生产量
	草捆	草块	草颗粒	草粉	其他		
2848	2848						
900	900						
2559	2559						
1079	1079						
2700	2700						
3000	3000						
2400	2400						
2000	2000						
						618	
8772	5000		3772				
864	864						
2480	2480						
871	871						
						840	
1275	1275						
800	800						
15000	10000		5000				
2788	2788						
2286	2286						
2950	2950						
1000	1000						
3735	3735						
3360	3360						
1170	1170						
1000	1000						
400	400						

7–6　各地区草产品加工

地　区	县类别	企业名称	饲草种类
	半牧区	甘肃跃邦种养殖农民专业合作社	紫花苜蓿
	半牧区	靖远东方龙元牧草种植专业合作社	紫花苜蓿
	半牧区	靖远陇源种养殖农民专业合作社	紫花苜蓿
	半牧区	靖远茂塬种养殖农民专业合作社	紫花苜蓿
	半牧区	靖远县建勤种养殖农民专业合作社	紫花苜蓿
	半牧区	靖远县坤茂种养殖农民专业合作社	紫花苜蓿
	半牧区	靖远县万生源种养殖农民专业合作社	紫花苜蓿
	半牧区	靖远映军草产业农民专业合作社	青贮玉米
		甘肃会丰草业科技技术有限公司	紫花苜蓿
		甘肃康牧草业有限责任公司	紫花苜蓿
		会宁县虎缘生态草业发展农民专业合作社	紫花苜蓿
		会宁县梅灵草粉加工专业合作社	紫花苜蓿
		会宁县农鑫牧草专业合作社会	紫花苜蓿
		会宁县中利草业农民专业合作社会	饲用大麦
		白银市首百源乳业有限公司	青贮玉米
		甘肃新鑫农科技发展有限公司	青贮玉米
		景泰团结专业合作社	青贮玉米
		天水市佳禾稼农机服务农民专业合作社	青贮玉米
		清水县创盛种养农民专业合作社	青贮玉米
		清水县陇塬种养农民专业合作社	青贮玉米
		清水县绿牧农民专业合作社	青贮玉米
		清水县绿牧专业合作社	紫花苜蓿
		清水县民丰惠农草业发展有限公司公司	青贮玉米
		甘谷县建忠种植农民专业合作社	青贮玉米
		甘谷县鑫荣生态种养有限公司	青贮玉米
		甘肃兴北种植专业合作社	青贮玉米

企业生产情况（续）

单位：家、吨

干草生产量	草捆	草块	草颗粒	草粉	其他	青贮生产量	草种生产量
400	400						
800	800						
1000	1000						
1200	1200						
600	600						
500	500						
600	600						
2000	2000						
900	500		200	200			
3000	2000		1000				
400	300			100			
1100	300			800			
700			400	300			
2500	1200			1300			
						20632	
						6000	
						23068	
						5000	
						7600	
						6120	
						7200	
2000	2000					210	
						17800	
						20000	
						8000	
						5700	

7-6 各地区草产品加工

地 区	县类别	企业名称	饲草种类
		甘肃中农鸿立农业科技有限公司	青贮玉米
		天水良禾农业股份有限公司	青贮玉米
		天水羊诚牧业有限公司	青贮玉米
		武山森晟源农牧有限公司	青贮玉米
		武山通济牧业有限责任公司	青贮玉米
		武山县仓源种养殖专业合作社	青贮玉米
		武山县程成饲草有限公司	青贮玉米
		武山县咀头乡西梁农业发展联合社	青贮玉米
		武山县聚星源家庭农场	青贮玉米
		武山县乐牧饲草有限公司	青贮玉米
		武山县牧农草料加工有限公司	青贮玉米
		武山县迁力草业开发有限公司	青贮玉米
		武山县山宇养殖专业合作社	青贮玉米
		武山县四门镇上湾村股份经济合作社	青贮玉米
		武山县田金忠养殖专业合作社	青贮玉米
		武山县旺畜饲草有限公司	青贮玉米
		武山县温泉大庄村股份经济合作社	青贮玉米
		武山县亿旺养殖专业合作社	青贮玉米
		武山县裕农丰农牧有限公司	青贮玉米
		驰骋种养殖农民专业合作社	青贮玉米
		川恒农业有限公司	青贮玉米
		大发展种养殖农民专业合作社	青贮玉米
		德顺康牧业有限责任公司	青贮玉米
		丰牧源种养殖农民专业合作社	青贮玉米
		甘肃禾牧昌农业发展有限公司	青贮玉米
		甘肃恒泽源牧业有限公司	青贮玉米

企业生产情况（续）

单位：家、吨

干草生产量	草捆	草块	草颗粒	草粉	其他	青贮生产量	草种生产量
						4500	
						2000	
						3000	
						3500	
						3103	
						2655	
						4200	
						5000	
						3000	
						5100	
						1350	
						8730	
						3000	
						1514	
						2000	
						3600	
						1100	
						4030	
						4500	
						4900	
						41000	
						4100	
						15000	
						6500	
						18400	
						13200	

7-6　各地区草产品加工

地　　区	县类别	企业名称	饲草种类
		关山基业有限公司	青贮玉米
		继荣种养殖农民专业合作社	青贮玉米
		牧农鑫种养殖农民专业合作社	青贮玉米
		云景苑种养殖专业合作社	青贮玉米
		张家川县建林养殖场	青贮玉米
		张家川县民安种养殖农民专业合作社	青贮玉米
		张家川县牧歌养殖合作社	青贮玉米
		张家川县牧谷草业开发有限公司	青贮玉米
			紫花苜蓿
		张家川县农源东汇有限公司	青贮玉米
		张家川县上磨养殖农民专业合作社	青贮玉米
		张家川县向明种养殖农民专业合作社	青贮玉米
		张家川县新宇大麻种植农民专业合作社	青贮玉米
		张家川县鑫强种养殖合作社	青贮玉米
		甘肃金科脉草业有限责任公司武威分公司	青贮玉米
		武威力丰饲料有限公司	青贮玉米
			饲用燕麦
			紫花苜蓿
		武威绿晟现代农业发展有限责任公司	紫花苜蓿
		武威绿晟现代农业有限责任公司	饲用燕麦
		武威市沁纯农业有限责任公司	紫花苜蓿
		武威天牧草业发展有限公司	紫花苜蓿
			其他一年生饲草
		武威亚盛田园牧歌草业有限公司	紫花苜蓿
	半牧区	甘肃欣海牧草饲料有限公司	紫花苜蓿
	半牧区	民勤县金鑫源草业有限责任公司	紫花苜蓿

企业生产情况（续）

单位：家、吨

干草生产量						青贮生产量	草种生产量
	草捆	草块	草颗粒	草粉	其他		
						43800	
						4200	
						4300	
						3100	
						6500	
						3868	
						6120	
						41128	
20000			20000				
						8120	
						14400	
						5100	
						2400	
						4350	
						25872	
1600	1600						
3000	3000						
6000	6000						
860	860						
660	660						
6510	6510						
3224			3224				
5649			5649				
12024	12024						
20000	14000		6000			1000	
2000	2000						

7-6　各地区草产品加工

地　区	县类别	企业名称	饲草种类
	半牧区	张明贤秸秆粉碎揉丝加工厂	其他一年生饲草
	牧区	天祝县泰和鑫商贸有限公司	饲用燕麦
		张掖大业草畜产业科技发展有限责任公司	紫花苜蓿
		张掖市甘州区壹点红农牧科技公司	青贮玉米
		张掖市金宇农业科技发展有限公司	青贮玉米
		张掖市同丰家农机农民专业合作社	青贮玉米
	牧区	肃南县尧熬尔畜牧农民专业合作社	饲用燕麦
	牧区	肃南县裕盛农机合作社	紫花苜蓿
	牧区	肃南县振兴农机合作社	紫花苜蓿
	牧区	天祥草产品合作社	紫花苜蓿
	牧区	张掖众成草业有限公司	紫花苜蓿
		甘肃华瑞股份有限公司	紫花苜蓿
		甘肃华瑞农业股份有限公司	青贮玉米
		甘肃集华农业科技有限责任公司	饲用燕麦
		甘肃民乐三宝科技发展有限公司	饲用燕麦
		甘肃启瑞农业科技有限责任公司	紫花苜蓿
		甘肃万物春绿色农民科技开发有限公司	紫花苜蓿
		甘肃西黎农业有限公司	青贮玉米
			紫花苜蓿
		甘肃原米农牧农民专业合作社	紫花苜蓿
		民乐县昌芳种植养殖专业合作社	青贮玉米
			紫花苜蓿
		民乐县晨旭养殖专业合作社	青贮玉米
		民乐县金丰农业科技有限公司	紫花苜蓿
		民乐县金叶种植专业合作社	紫花苜蓿
		民乐县锦旺养殖专业合作社	紫花苜蓿

企业生产情况（续）

单位：家、吨

干草生产量	草捆	草块	草颗粒	草粉	其他	青贮生产量	草种生产量
11500	10000				1500		
5000	5000						100
13000	10000		3000				
						10000	
						120000	
						50000	
1900		600			1300		
26000		14000	12000				
2900			2000		900		
1000			1000				
3000		3000					
5200	5200						
						61500	
2510	2510						
7350	7350						
301000			301000				
2550	2550						
						3260	
850	850						
1680	1680						
						4800	
800	800						
						4100	
5100	5100						
2450	2450						
1650	1650						

7-6 各地区草产品加工

地　　区	县类别	企业名称	饲草种类
		民乐县神龙种植养殖专业合作社	紫花苜蓿
		民乐县希诺农牧业有限公司	青贮玉米
			紫花苜蓿
		民乐县源隆养殖专业合作社	青贮玉米
		民乐县展翔农产品种植专业合作社	紫花苜蓿
		民乐鑫腾达农业科技有限公司	饲用燕麦
		张掖润禾农牧科技发展有限公司	青贮玉米
		甘肃冠华生态工程有限公司	紫花苜蓿
		临泽县大地饲草专业合作社	紫花苜蓿
		临泽县宏盛特色农作物种植农民专业合作社	青贮玉米
			紫花苜蓿
		临泽县宏鑫饲草专业合作社	其他一年生饲草
		临泽县绿苑饲草专业合作社	青贮玉米
		临泽县欣海饲草专业合作社	饲用燕麦
			紫花苜蓿
			其他一年生饲草
		临泽县泽牧饲草专业合作社	其他一年生饲草
		张掖市天源新能源责任有限公司	其他一年生饲草
		甘肃大业牧草科技有限责任公司	紫花苜蓿
		甘肃亿农峰泽草畜产业有限公司	青贮玉米
			紫花苜蓿
		高台县绿欣苜蓿制种专业合作社	紫花苜蓿
	半牧区	甘肃三宝农业科技发展有限公司	饲用燕麦
	半牧区	甘肃山水绿源饲草加工有限公司	饲用燕麦
	半牧区	山丹祁连山牧草机械专业合作社	饲用燕麦
	半牧区	山丹县丰展源有限责任公司	饲用燕麦

企业生产情况（续）

单位：家、吨

干草生产量	草捆	草块	草颗粒	草粉	其他	青贮生产量	草种生产量
5050	5050						
						13800	
9800	700		9100				
						4550	
2450	2450						
2200	2200						
						14840	
3082		3082					
250	250						
						26024	
30000	30000						
						1750	
						4200	
360	360						
2030	1820				210		
560			560				
						3000	
8500			8500				
10231	2350		7881				
						32000	
5000	5000						
3444					3444		504
5000	5000						
10000	10000						
4000	4000						400
9000	9000						

7-6 各地区草产品加工

地　　区	县类别	企业名称	饲草种类
	半牧区	山丹县合方农牧科技发展有限公司	紫花苜蓿
			饲用燕麦
	半牧区	山丹县嘉牧禾草业有限公司	紫花苜蓿
			饲用燕麦
	半牧区	山丹县润牧饲草发展有限责任公司	紫花苜蓿
	半牧区	山丹县天泽农牧科技发展有限责任公司	饲用燕麦
			紫花苜蓿
	半牧区	山丹县新农农牧专业合作社	青贮玉米
		灵台县农作物秸秆饲料化利用中心	青贮玉米
		饮马咀饲草料集散中心	青贮玉米
		甘肃绿源牧草有限公司	青贮玉米
		庄浪县绿亨草业有限责任公司	青贮玉米
		庄浪县杨河乡引兰苜蓿草料加工厂	紫花苜蓿
		甘肃陇上草牧业有限公司	青贮玉米
		静宁县凯东种植养殖农民专业合作社	青贮玉米
		静宁县良源饲草加工农民专业合作社	青贮玉米
		酒泉大业草业有限公司	紫花苜蓿
		酒泉福坤饲草开发有限公司	青贮玉米
			紫花苜蓿
		酒泉兴科饲草专业合作社	紫花苜蓿
		甘肃裕荣农民农机专业合作社	紫花苜蓿
		金鼎源草业开发有限公司	紫花苜蓿
		金塔春牧草业开发有限公司	紫花苜蓿
		金塔县博润草业有限公司	紫花苜蓿
		金塔县德胜源农牧开发有限公司	紫花苜蓿
		金塔县鼎源草业农机农牧专业合作社	紫花苜蓿

企业生产情况（续）

单位：家、吨

干草生产量	草捆	草块	草颗粒	草粉	其他	青贮生产量	草种生产量
3000	3000						
13000	13000						
17000	17000						
2000	2000						
16000			16000				
							1000
2100	2100						
						4000	
						46000	
100	100						
						60000	
						30500	
4050	1550			2500			
						30000	
						5000	
						20000	
17304	12000	1	5300	2	1		
50	50					12000	
4206	3000	1	1200	4	1		
5013	3000	10	2000	2	1		
1800	1800						
2700	2700						
2970	2970						
1350	1350						
2700	2700						
2700	2700						

7-6 各地区草产品加工

地 区	县类别	企业名称	饲草种类
		金塔县金海荣农牧业开发有限公司	紫花苜蓿
		金塔县金牧草专业合作社	紫花苜蓿
		金塔县凯丰种植农民专业合作社	紫花苜蓿
		金塔县茂盛源农业开发有限公司	紫花苜蓿
		金塔县千川种植专业合作社	紫花苜蓿
		金塔县瑞铭种植专业合作社	紫花苜蓿
		金塔县三合农业开发有限公司	紫花苜蓿
		金塔县振源草业开发有限公司	紫花苜蓿
	半牧区	甘肃金秋正信草业有限公司	紫花苜蓿
	半牧区	瓜州县崔建国农业开发家庭农场	紫花苜蓿
	半牧区	瓜州县丰瑞源农业科技有限公司	紫花苜蓿
	半牧区	瓜州县河东双赢农民牧业农民专业合作社	饲用燕麦
			紫花苜蓿
	半牧区	瓜州县惠众农副产品农民专业合作社	紫花苜蓿
	半牧区	瓜州县济华苜蓿草业农民专业合作	饲用燕麦
			紫花苜蓿
	半牧区	瓜州县金丰公社农业服务有限公司	紫花苜蓿
	半牧区	瓜州县俊发农机农民专业合作社	紫花苜蓿
	半牧区	瓜州县良源种畜禽繁育有限责任公司	饲用燕麦
			紫花苜蓿
	半牧区	瓜州县兴牧草畜产业有限公司	饲用燕麦
			紫花苜蓿
	半牧区	瓜州县益农农业发展有限责任公司	紫花苜蓿
	半牧区	瓜州县正裕农牧业生物科技有限责任公司	紫花苜蓿
			其他一年生饲草
	半牧区	瓜州县紫叶牧草种植农民专业合作社	紫花苜蓿

企业生产情况（续）

单位：家、吨

干草生产量	草捆	草块	草颗粒	草粉	其他	青贮生产量	草种生产量
1800	1800						
12200	7200		5000				
5328	5328						
1150	1150					2400	
2970	2970						
3420	3420						
2700	2700						
1800	1800						
4380	4380						
2100	2100						
1100	1100						
2100	2100						
9400	9400						
2070	2070						
300	300						
3000	3000						
1580	1580						
1860	1860						
200	200						
8300	8300						
5490	5490						
800	800						
2400	2400						
700	700						
3100	500		1800	800			
2150	2150						

7-6 各地区草产品加工

地 区	县类别	企业名称	饲草种类
		甘肃西域胜泷源草业农民专业合作社	紫花苜蓿
		亚盛实业（集团）股份有限公司饮马分公司	紫花苜蓿
		玉门大业草业科技发展有限公司	紫花苜蓿
		玉门丰花有限公司	紫花苜蓿
		玉门市佰基农业科技有限公司	饲用燕麦
		玉门市信盛畜牧农机服务农民专业合作社	紫花苜蓿
		玉门市至诚三和饲草技术开发有限公司	紫花苜蓿
		玉门油田农牧公司	紫花苜蓿
		敦煌市程宸农牧有限责任公司	紫花苜蓿
		敦煌市郭发养羊农民专业合作社	紫花苜蓿
			其他一年生饲草
		敦煌市仁源农牧农民专业合作社	紫花苜蓿
		敦煌市盛合葡萄农民专业合作社	其他多年生饲草
		庆阳农投绿野草业有限公司	紫花苜蓿
		庆阳天绿玉米秸秆青贮养畜专业合作社	青贮玉米
		庆阳利辰草业有限公司	青贮玉米
			紫花苜蓿
	半牧区	甘肃荟荣草业有限公司	青贮玉米
	半牧区	甘肃荟荣草业有限责任公司	紫花苜蓿
	半牧区	甘肃民吉农牧科技有限公司	青贮玉米
		甘肃科欧草业有限公司	紫花苜蓿
		合水县盛唐牧草农机农民专业合作社	青贮玉米
		合水县盛唐农机农民专业合作社	紫花苜蓿
		合水县太昌源饲草专业合作社	青贮玉米
		合水县正丰草业有限公司	青贮玉米
		庆阳明强草业开发有限责任公司	青贮玉米

企业生产情况（续）

单位：家、吨

干草生产量	草捆	草块	草颗粒	草粉	其他	青贮生产量	草种生产量
1800	1800						
38000	38000						
15000	8000		7000				
13500	13500						
4000	4000						
10000	10000						
55000	55000						
600	600						
6016	6016						
500			500				
3000	2000		1000				
10309	10309						
600			600				
1500	1500						
						20000	
						15000	
2195	2195						
						10500	
3500	3500						
						18565	
930	810	120					
						1500	
500	500						
						6000	
						3000	
						300	

7-6 各地区草产品加工

地 区	县类别	企业名称	饲草种类
		甘肃丰源草业有限公司	青贮玉米
		宁县中泰种养殖农民专业合作社	青贮玉米
			紫花苜蓿
		庆阳现代草业种植专业合作社	紫花苜蓿
		镇原县丰源欣种植专业合作社	紫花苜蓿
		镇原县华德紫花苜蓿草籽种植专业合作社	紫花苜蓿
		镇原县顺成养殖专业合作社	紫花苜蓿
		镇原县天润禾草业发展有限公司	青贮玉米
		安定区万盛福农业农民专业合作社	青贮玉米
			饲用燕麦
		北坪兴隆农机农民专业合作社	青贮玉米
			饲用燕麦
		定西安盛肉羊农民专业合作社	饲用燕麦
		定西安泰农机服务农民专业合作社	紫花苜蓿
		定西白盛塬草业有限责任公司	青贮玉米
			饲用燕麦
		定西博晟源农业发展有限公司	青贮玉米
			饲用燕麦
		定西彩梅种养殖农民专业合作社	青贮玉米
			紫花苜蓿
		定西创亿嘉种养殖农民专业合作社	青贮玉米
			紫花苜蓿
		定西豆优农产品农民专业合作社	青贮玉米
			饲用燕麦
		定西发牧源农机农民专业合作社	青贮玉米
		定西福泰肉羊农民专业合作社	青贮玉米

企业生产情况（续）

单位：家、吨

干草生产量	草捆	草块	草颗粒	草粉	其他	青贮生产量	草种生产量
						25000	
						20000	
5000	5000						
1600	1600					260	
1200	1200						
2000	1000	1000					
800		800					
						18910	
						1000	
12000	10000			2000			
						3800	
54000	50000			4000			
3000	3000						
3000	1950		200	850			
						7100	
22900	14400		7500	1000			
						10000	
15800	15800						
						7000	
8000	5100			2900			
						10900	
4100	2300			1800			
						15000	
26000	26000						
						10000	
						10000	

7-6　各地区草产品加工

地　区	县类别	企业名称	饲草种类
		定西和春泽种养殖农民专业合作社	紫花苜蓿
		定西亨欣种养殖农民专业合作社	紫花苜蓿
		定西弘瑞肉羊农民专业合作社	青贮玉米
		定西宏佑马铃薯农民专业合作社	青贮玉米
			紫花苜蓿
		定西巨盆草牧业有限公司	青贮玉米
			紫花苜蓿
		定西聚旺养殖专业合作社	青贮玉米
			紫花苜蓿
		定西聚鑫牧草农民专业合作社	青贮玉米
			紫花苜蓿
		定西骏逸农业农民专业合作社	紫花苜蓿
		定西联鑫农牧农民专业合作社	紫花苜蓿
		定西隆兴农牧有限责任公司	青贮玉米
		定西沁馨塬牧草农民专业合作社	青贮玉米
			饲用燕麦
		定西青溪养殖有限公司	青贮玉米
			饲用燕麦
		定西泉湾农民肉羊合作社	青贮玉米
		定西泉子中蜂养殖农民专业合作社	饲用燕麦
		定西荣宝牧草农民专业合作社	饲用燕麦
		定西市安定区建军农机专业合作社	紫花苜蓿
		定西市铂源农产品农民专业合作社	青贮玉米
		定西市昊驰养殖农民专业合作社	青贮玉米
			紫花苜蓿
		定西市瑞宏牧草种植农民专业合作社	紫花苜蓿

企业生产情况（续）

单位：家、吨

干草生产量	草捆	草块	草颗粒	草粉	其他	青贮生产量	草种生产量
5000				5000			
5000	300			4700			
						10000	
						900	
2270	1258		457	555			
						59200	
158800	89700		66650	2450			
						7000	
8000				8000			
						6000	
42100			17100	25000			
2000	2000						
2000	500		850	650			
						15000	
						20000	
28000	28000						
						3500	
11000	10000			1000			
						10000	
4000	4000						
9500	9500						
2000	1000		479	521			
						2517	
						24000	
6000	6000						
10000	10000						

7-6 各地区草产品加工

地　区	县类别	企业名称	饲草种类
		定西市亿邦畜牧养殖有限公司	青贮玉米
		定西市纵源农牧农民专业合作社	青贮玉米
			饲用燕麦
		定西薯宝宝种植农民专业合作社	青贮玉米
			紫花苜蓿
		定西顺优农牧业发展有限责任公司	青贮玉米
		定西玺彩艳丰种植农民专业合作社	青贮玉米
			饲用燕麦
		定西祥众种植农民专业合作社	青贮玉米
		定西鑫蕴种植农民专业合作社	青贮玉米
			饲用燕麦
		定西杏园博源农牧农民专业合作社	青贮玉米
		定西益生肉羊农民专业合作社	饲用燕麦
		定西永胜农民专业合作社	青贮玉米
			饲用燕麦
		定西钰川农机农民专业合作社	饲用燕麦
		定西云腾畜牧农民专业合作社	饲用燕麦
		定西众升牲畜农民专业合作社	青贮玉米
		甘肃禾吉草业有限公司	青贮玉米
			饲用燕麦
		甘肃恒甲农牧有限责任公司	青贮玉米
			饲用燕麦
		甘肃民祥牧草有限公司	青贮玉米
			饲用燕麦
		甘肃省牧乐源种植农民专业合作社	青贮玉米
			紫花苜蓿

企业生产情况（续）

单位：家、吨

干草生产量	草捆	草块	草颗粒	草粉	其他	青贮生产量	草种生产量
						7000	
						7700	
7300	7300						
						1000	
2900	2900						
						32000	
						3000	
4000	4000						
						5000	
						655	
5943	5903			40			
						1000	
1000	1000						
						1000	
35000	30000			5000			
5500	5500						
1000	1000						
						4000	
						19500	
22000	20000			2000			
						2300	
5800	5800						
						30000	
35000	35000						
						330	
8600	8500			100			

7-6 各地区草产品加工

地　区	县类别	企业名称	饲草种类
		甘肃田塬农牧业有限公司	青贮玉米
			紫花苜蓿
		甘肃伟军源种植农民专业合作社	青贮玉米
			饲用燕麦
		甘肃现代草业发展有限公司	青贮玉米
			紫花苜蓿
		甘肃乡草坊生态农牧科技发展有限公司	饲用燕麦
		甘肃天耀草业有限公司	紫花苜蓿
		华岭公司	饲用燕麦
		甘肃陇穗草业有限公司	青贮玉米
		陇西宏伟富民产业农民专业合作社联合社	青贮玉米
		陇西县立新养殖有限责任公司	青贮玉米
		陇西县胜龙种植农民专业合作社	青贮玉米
		陇西县中山养殖农民专业合作社	青贮玉米
		甘肃陇玥农牧有限公司	青贮玉米
		甘肃盛腾农业科技有限公司	青贮玉米
			饲用燕麦
		渭源国英特色畜牧业有限责任公司	青贮玉米
			紫花苜蓿
		渭源县必亮养殖专业合作社	青贮玉米
		渭源县会源种植养殖专业合作社	青贮玉米
			紫花苜蓿
		渭源县景峰生物科技有限公司	青贮玉米
		渭源县梦起源农业科技有限公司	青贮玉米
			紫花苜蓿
		渭源县农家畜禽养殖专业合作社	青贮玉米

企业生产情况（续）

单位：家、吨

干草生产量	草捆	草块	草颗粒	草粉	其他	青贮生产量	草种生产量
						107000	
27000	25000			2000			
						1000	
35000	30000			5000			
						161304	
18696	16136			2560			
30000	30000						
5200	4200				1000	1000	
3800					3800		
						4650	
						4810	
						1170	
						4155	
						13450	
						11000	
						4500	
11200	11200						
						2300	
3300	3300						
						6000	
						2500	
3500	3500						
						6500	
						3500	
4600	4600						
						4200	

7-6 各地区草产品加工

地 区	县类别	企业名称	饲草种类
		渭源县五竹田园牧歌养殖专业合作社	青贮玉米
			紫花苜蓿
		渭源县鑫顶渭丰牧业有限公司	青贮玉米
		渭源县杨平养殖专业合作社	青贮玉米
			紫花苜蓿
		临洮县犇犇养殖专业合作社	青贮玉米
		临洮县登云农牧科技发展专业合作社	青贮玉米
		临洮县东晨旭建材有限公司	青贮玉米
		临洮县丰丰养殖农民专业合作社	青贮玉米
		临洮县丰禾源牧草种植专业合作社	青贮玉米
		临洮县富源养殖农民专业合作社	青贮玉米
		临洮县和谐牧业科技有限公司	青贮玉米
		临洮县亨达养殖专业合作社	青贮玉米
		临洮县湖萨养殖农民专业合作社	青贮玉米
		临洮县建军饲草种植农民专业合作社	青贮玉米
		临洮县禄渊养殖农民专业合作社	青贮玉米
		临洮县乾源种养殖农民专业合作社	青贮玉米
		临洮县青禾草业有限责任公司	青贮玉米
		临洮县神泉养殖专业合作社	青贮玉米
		临洮县盛泽种植农民专业合作社	青贮玉米
		临洮县腾兴农牧农民专业合作社	青贮玉米
		临洮县万丰种养殖农民专业合作社	青贮玉米
		临洮县五小征农牧有限公司	青贮玉米
		临洮县伍俊农民发展有限公司	青贮玉米
		临洮县喜林养殖农民专业合作社	青贮玉米
		临洮县新汇升种养殖农民专业合作社	青贮玉米

企业生产情况（续）

单位：家、吨

干草生产量	草捆	草块	草颗粒	草粉	其他	青贮生产量	草种生产量
						1800	
3000	3000						
						15000	
						2500	
3300	3300						
						2695	
						2300	
						1295	
						2745	
						1330	
						6105	
						8915	
						4983	
						5863	
						4200	
						3040	
						1757	
						8884	
						1452	
						2922	
						3233	
						5826	
						4260	
						1200	
						2800	
						2377	

7-6 各地区草产品加工

地　区	县类别	企业名称	饲草种类
		临洮县鑫红胜饲草料加工合作社	青贮玉米
		临洮县鑫喆养殖农民专业合作社	青贮玉米
		临洮县兴昌种养殖农民专业合作社	青贮玉米
		临洮县杏苑生态种养专业合作社	青贮玉米
		临洮县耀泰农牧有限公司	青贮玉米
		临洮县易隆牧草有限公司	青贮玉米
		临洮县盈农饲料农民专业合作社	青贮玉米
		临洮县涌兴养殖专业合作社	青贮玉米
		临洮县玉峰养殖农民专业合作社	青贮玉米
		临洮县裕康种植养殖农民专业合作社	青贮玉米
		临洮县众合养殖专业合作社	青贮玉米
		临洮县壮壮牧草种植农民专业合作社业	青贮玉米
		临洮县卓越种养殖专业合作社	青贮玉米
		仁源种养殖专业合作社	青贮玉米
		三兴种植农民专业合作社	青贮玉米
		洮珠饲料科技发展有限责任公司	青贮玉米
		文禧种养殖农民专业合作社	青贮玉米
	半牧区	漳县红丰青贮草业有限责任公司	饲用燕麦
	半牧区	漳县辉丰草业农民专业合作社	猫尾草
			饲用燕麦
	半牧区	漳县天康草业有限责任公司	青贮玉米
	半牧区	岷县方正草业开发有限责任公司	猫尾草
	半牧区	岷县立源牧草种植农民专业合作社	猫尾草
	半牧区	岷县绿草种植专业合作社	猫尾草
	半牧区	岷县青草堂牧草种植农民专业合作社	猫尾草
	半牧区	岷县香绿牧草种植农民专业合作社	猫尾草

企业生产情况（续）

单位：家、吨

干草 生产量	草捆	草块	草颗粒	草粉	其他	青贮 生产量	草种 生产量
						1500	
						2018	
						5320	
						1253	
						1996	
						5866	
						1761	
						5800	
						4007	
						1640	
						2878	
						6000	
						4600	
						1103	
						1995	
						3000	
						3358	
200	200					3000	
50	50					60	85
280	280					1000	288
500	500					5000	
9000	9000					3500	6
1235	1200		15	20			
5255	4915		340				
600	600						
650	500		70	80			

7-6　各地区草产品加工

地　　区	县类别	企业名称	饲草种类
		陇南护地公司	紫花苜蓿
		陇南市美达牧业公司	紫花苜蓿
		武都铭益养殖公司	紫花苜蓿
		武都圣奥伦公司	紫花苜蓿
		成县农兴庄园种养殖农民专业合作社	其他一年生饲草
		甘肃宏福现代农牧产业有限公司	青贮玉米
		甘肃康晖现代农牧产业有限责任公司	青贮玉米
		甘肃信康肉牛育肥有限责任公司	青贮玉米
		康乐康爱兴农牧有限公司	青贮玉米
		康乐县德隆良种畜禽有限责任公司	青贮玉米
		康乐县福寿肉牛养殖农民专业合作社	青贮玉米
		康乐县福有母牛繁殖农民专业合作社	青贮玉米
		康乐县福源养殖农民专业合作社	青贮玉米
		康乐县海山养殖农民 专业合作社	青贮玉米
		康乐县宏发牛业有限责任公司	青贮玉米
		康乐县吉龙养殖农民专业合作社	青贮玉米
		康乐县金诚农牧业有限公司	青贮玉米
		康乐县金龙牧业有限公司	青贮玉米
		康乐县金龙养殖农民专业合作社	青贮玉米
		康乐县康玺肉牛育肥有限责任公司	青贮玉米
		康乐县少平种养殖农民专业合作社	青贮玉米
		康乐县世兴肉牛养殖农民专业合作社	青贮玉米
		康乐县泰以种养殖农民专业合作社	青贮玉米
		康乐县鑫隆肉牛养殖农民专业合作社	青贮玉米
		康乐县鑫美肉牛养殖有限公司	青贮玉米
		康乐县秀英养殖农民专业合作社	青贮玉米

企业生产情况（续）

干草生产量	草捆	草块	草颗粒	草粉	其他	青贮生产量	草种生产量
47	47						
19	19						
11	11						
31	31						
2500	2500					1250	
						15486	
						645	
						258	
						5452	
						4352	
						790	
						761	
						371	
						73	
						807	
						1834	
						1097	
						1248	
						4235	
						192	
						1604	
						1789	
						2172	
						2496	
						239	
						194	

7-6 各地区草产品加工

地　　区	县类别	企业名称	饲草种类
		康乐县裕鑫养殖农民专业合作社	青贮玉米
		康乐县昭牧牛羊养殖有限责任公司	青贮玉米
		康乐县正强养殖农民专业合作社	青贮玉米
		康乐县致国种养殖农民专业合作社	青贮玉米
		积石山县宇鹏农作物秸秆回收再利用专业合作社	青贮玉米
	牧区	合作恒达农产业农民专业合作社	饲用燕麦
	牧区	合作市岗吉草产品加工农民专业合作社	饲用燕麦
	牧区	合作市绿丰源草畜科技有限公司	饲用燕麦
	牧区	合作市绿源丰茂农产业农民专业合作社	饲用燕麦
	牧区	夏河县机械饲草料生产加工有限公司	饲用燕麦
青　海 （341家）			
		大通博丰种植营销专业合作社	青贮玉米
		大通董氏种植专业合作社	青贮玉米
		大通连贵农畜产品营销专业合作社	饲用燕麦
		大通县乡情农业专业合作社	饲用燕麦
		大通延兴种植专业合作社	青贮玉米
		青海广锦农林开发有限公司	青贮玉米
		青海缘祥草业有限公司	青贮玉米
		宝润种养殖专业合作社	青贮玉米
		大才乡前沟清原农牧场	饲用燕麦
		海北益帆社会服务有限公司	青贮玉米
		好佳佳种植有限公司	饲用燕麦
		浩发种养殖业	饲用燕麦
		浩红种养殖业	饲用燕麦
		湟中鲍丰农机服务专业合作社	青贮玉米

企业生产情况（续）

单位：家、吨

干草生产量	草捆	草块	草颗粒	草粉	其他	青贮生产量	草种生产量
						1283	
						369	
						98	
						125	
						6000	
700	200		500				
200	200					1000	
3000	2000		1000				5
400	200		200				
2100	2100					1500	
179889	**179889**					**302750**	**23987**
						200	
						400	
2100	2100						
						5250	
						1400	
						1100	
						8640	
						5800	
192	192						240
						351	
400	400						450
100	100						130
120	120						140
						3400	

7-6 各地区草产品加工

地　　区	县类别	企业名称	饲草种类
		湟中鲍丰农机服务专业合作社	青贮玉米
		湟中斌顺种养殖专业合作社	青贮玉米
		湟中才德种养殖专业合作社	青贮玉米
		湟中仓鑫种养殖专业合作社	饲用燕麦
		湟中成科种养殖专业合作社	饲用燕麦
		湟中成玺家庭农场	饲用燕麦
		湟中春畔家庭牧场	饲用燕麦
		湟中春煜种养殖专业合作社	青贮玉米
		湟中得利家庭农场	青贮玉米
			饲用燕麦
		湟中德尚种养殖专业合作社	饲用燕麦
		湟中发丹种养殖专业合作社	青贮玉米
		湟中发兴家庭农牧场	饲用燕麦
		湟中芳华园家庭农场	青贮玉米
		湟中芳玲种养殖专业合作社	饲用燕麦
		湟中丰邦种养殖专业合作社	饲用燕麦
		湟中丰财种植专业合作社	饲用燕麦
		湟中丰泰种养殖专业合作社	青贮玉米
		湟中尕乔养殖场	青贮玉米
		湟中贵发种养殖专业合作社	饲用燕麦
		湟中国录种养殖专业合作社	饲用燕麦
		湟中国文种养殖专业合作社	饲用燕麦
		湟中含顺种植专业合作社	青贮玉米
		湟中皓月种养殖专业合作社	饲用燕麦
		湟中恒售种养殖专业合作社	饲用燕麦
		湟中洪成种养殖专业合作社	青贮玉米

企业生产情况（续）

单位：家、吨

干草生产量	草捆	草块	草颗粒	草粉	其他	青贮生产量	草种生产量
						2990	
						1392	
						1465	
60	60						75
160	160						200
30	30						40
80	80						100
						1932	
						1349	
60	60						80
90	90						112
						4381	
80	80						90
						582	
120	120						140
60	60						75
300	300						375
						1495	
						2080	
140	140						170
240	240					280	
84	84						115
						3500	
560	560						700
205	205						257
						1151	

7-6 各地区草产品加工

地 区	县类别	企业名称	饲草种类
			饲用燕麦
		湟中华录农机服务专业合作社	饲用燕麦
		湟中桦岭种养殖专业合作社	饲用燕麦
		湟中佳颖种养殖专业合作社	饲用燕麦
		湟中家源养殖专业合作社	青贮玉米
		湟中贾尔藏种植专业合作社	饲用燕麦
		湟中建阳种养殖专业合作社	青贮玉米
		湟中金忠种植专业合作社	青贮玉米
		湟中久鑫种养殖专业合作社	青贮玉米
		湟中君昱种养殖专业合作社	青贮玉米
		湟中寇福家庭牧场	青贮玉米
		湟中寇福家庭农场	青贮玉米
		湟中拦隆口胜鑫家庭农场	饲用燕麦
		湟中郎目滩种植专业合作社	饲用燕麦
		湟中磊盛种养殖专业合作社	饲用燕麦
		湟中李家庄种养殖专业合作社	饲用燕麦
		湟中林财家庭农场	青贮玉米
		湟中路腿种养殖合作社	青贮玉米
		湟中路腿种养殖专业合作社	青贮玉米
		湟中洛吉家庭牧场	饲用燕麦
		湟中勉存德家庭农场	饲用燕麦
		湟中民强种养殖专业合作社	饲用燕麦
		湟中明强种养殖专业合作社	饲用燕麦
		湟中农欣马铃薯营销专业合作社	饲用燕麦
		湟中农学种养殖专业合作社	青贮玉米
		湟中鹏举种养殖专业合作社	饲用燕麦

企业生产情况（续）

单位：家、吨

干草生产量	草捆	草块	草颗粒	草粉	其他	青贮生产量	草种生产量
40	40						50
500	500						625
120	120						140
160	160						185
						2863	
165	165						194
						178	
						2007	
						187	
						1410	
						2400	
						315	
130	130						156
240	240						300
300	300						375
90	90						110
						397	
						2000	
						734	
90	90						110
246	246						308
340	340						425
350	350						370
164	164						273	
						2411	
180	180						200

7-6　各地区草产品加工

地　区	县类别	企业名称	饲草种类
		湟中平合种养殖专业合作社	饲用燕麦
		湟中啟康种养殖专业合作社	饲用燕麦
		湟中区多仔种养殖专业合作社	青贮玉米
		湟中区发贵种养殖专业合作社	饲用燕麦
		湟中区海录家庭农牧场	饲用燕麦
		湟中区宏康种养殖专业合作社	青贮玉米
		湟中区康川海盛养殖场	饲用燕麦
		湟中区满盛种养殖专业合作社	饲用燕麦
		湟中区全弯种养殖专业合作社	饲用燕麦
		湟中区穗硕种养殖专业合作社	饲用燕麦
		湟中区泰全农机服务专业合作社	饲用燕麦
		湟中区旺贵种养殖专业合作社	饲用燕麦
		湟中区展梦家庭农场	青贮玉米
		湟中全盟种养专业合作社	饲用燕麦
		湟中瑞安种养殖专业合作社	饲用燕麦
		湟中瑞德种养殖专业合作社	饲用燕麦
		湟中韶峰种养殖专业合作社	饲用燕麦
		湟中生刚种养殖专业合作社	饲用燕麦
		湟中守明家庭农场	饲用燕麦
		湟中顺和种养殖专业合作社	饲用燕麦
		湟中陶藩种养殖专业合作社	青贮玉米
		湟中天兴草业有限公司	饲用燕麦
		湟中田家寨生龙家庭牧场	饲用燕麦
		湟中万鹏种养殖专业合作社	饲用燕麦
		湟中万月润农种养殖专业合作社	饲用燕麦
		湟中伟兴种养殖专业舍作社	饲用燕麦

企业生产情况（续）

单位：家、吨

干草生产量	草捆	草块	草颗粒	草粉	其他	青贮生产量	草种生产量
200	200						250
170	170						213
						4800	
240	240						300
61	61						74
						2000	
60	60						76
64	64						78
90	90						115
40	40						50
160	160					200	
240	240						300
						1200	
160	160						180
60	60						75
80	80						100
88	88						102
300	300						350
135	135						170
180	180						225
						858	
320	320						400
62	62						80
100	100						170
160	160						200
300	300						375

7-6　各地区草产品加工

地　区	县类别	企业名称	饲草种类
		湟中文锋家庭农场	饲用燕麦
		湟中玺玉种植专业合作社	饲用燕麦
		湟中县大才乡上后沟上惠农牧场	饲用燕麦
		湟中县关跃生存家庭农场	饲用燕麦
		湟中县洪有农机服务专业合作社	饲用燕麦
		湟中县惠源农产品种植专业合作社	饲用燕麦
		湟中县前沟有贵家庭牧场	饲用燕麦
		湟中县润农马铃薯种植专业合作社	饲用燕麦
		湟中县上新庄镇下台晨翔家庭牧场	青贮玉米
		湟中县田家寨炳贤家庭农场	饲用燕麦
		湟中县田家寨尚鹏家庭农场	青贮玉米
		湟中县田家寨镇生森家庭农场	饲用燕麦
		湟中县田家寨镇新村珊瑚牧场	青贮玉米
		湟中县伟祖农机服务专业合作社	饲用燕麦
		湟中县兴牧草业种植专业合作社	饲用燕麦
		湟中新壹种养殖专业合作社	饲用燕麦
		湟中信亿仁种养殖专业合作社	青贮玉米
		湟中兴樊种养殖专业合作社	饲用燕麦
		湟中秀英种养殖专业合作社	饲用燕麦
		湟中旭泰种养殖专业合作社	饲用燕麦
		湟中延彪种养殖专业合作社	青贮玉米
		湟中彦发种养殖专业合作社	饲用燕麦
		湟中晏润农牧开发有限公司	青贮玉米
		湟中怡之欣种养殖专业合作社	饲用燕麦
		湟中银虎种养殖专业合作社	饲用燕麦
		湟中银鑫家庭农场	饲用燕麦

企业生产情况（续）

单位：家、吨

干草生产量	草捆	草块	草颗粒	草粉	其他	青贮生产量	草种生产量
240	240						300
80	80						103
227	227						284
100	100						120
260	260						325
300	300						350
128	128						160
600	600						750
						95	
180	180						200
						709	
220	220						275
						2800	
246	246						308
180	180						225
180	180						225
						4243	
100	100						120
205	205						257
164	164						273
						1632	
160	160						200
						641	
156	156						239
220	220						275
205	205						257

7-6 各地区草产品加工

地 区	县类别	企业名称	饲草种类
		湟中永花家庭农场	青贮玉米
		湟中玉春种养殖专业合作社	饲用燕麦
		湟中昱环家庭农场	青贮玉米
		湟中裕章种养殖专业合作社	青贮玉米
			饲用燕麦
		湟中煜冉种养殖专业合作社	青贮玉米
		湟中元贵种养殖专业合作社	饲用燕麦
		湟中元忠种养殖专业合作社	饲用燕麦
		湟中云清家庭农场	青贮玉米
		湟中耘耕种养殖专业合作社	饲用燕麦
		湟中长万养殖专业合作社	饲用燕麦
		湟中中兴农机服务专业合作社	青贮玉米
		湟中忠来种植专业合作社	饲用燕麦
		湟中忠山家庭农场	饲用燕麦
		湟中众联种植专业合作社	饲用燕麦
		湟中茁壮种养殖专业合作社	饲用燕麦
		湟中作平家庭农场	青贮玉米
			饲用燕麦
		湟中应库种养殖专业合作社	饲用燕麦
		青海恒基农副产品营销专业合作社	青贮玉米
		青海恒牧农业科技有限公司	饲用燕麦
		青海陵湖畜牧开发有限公司	青贮玉米
		青海世彪农牧开发有限公司	青贮玉米
		青海优禾农牧开发有限责任公司	青贮玉米
			饲用燕麦
		青海自然风牛羊养殖基地	青贮玉米

企业生产情况（续）

单位：家、吨

干草生产量	草捆	草块	草颗粒	草粉	其他	青贮生产量	草种生产量
						694	
120	120						180
						1044	
						1242	
40	40						58
						734	
200	200						250
205	205						257
						471	
90	90						121
80	80						100
						1089	
400	400						450
130	130						163
240	240						300
240	240					300	
						1121	
300	300						375
40	40						50
						151	
50	50						77
						680	
						2623	
						374	
500	500						625
						1402	

7-6 各地区草产品加工

地　　区	县类别	企业名称	饲草种类
		三春家庭农场	饲用燕麦
		天翔家庭院农场	饲用燕麦
		田哥军家庭农场	饲用燕麦
		田家寨成福家庭牧场	饲用燕麦
		西宁市湟中区宝润种养殖专业合作社	饲用燕麦
		西宁市湟中区多仔种养殖专业合作社	青贮玉米
		西宁市湟中区孕里克种养殖专业合作社	青贮玉米
		西宁市湟中区含顺种植专业合作社	青贮玉米
		西宁市湟中区宏康种养殖专业合作社	青贮玉米
		西宁市湟中区佳杰种养殖专业合作社	青贮玉米
		西宁市湟中区军绿种养殖专业合作社	青贮玉米
		西宁市湟中区康川孕乔养殖场	青贮玉米
		西宁市湟中区冷逸种养殖专业合作社	饲用燕麦
		西宁市湟中区鲁沙尔作新种植场	青贮玉米
		西宁市湟中区培硕种养殖专业合作社	饲用燕麦
		西宁市湟中区上新庄玉发种养殖场	青贮玉米
		西宁市湟中区土门关有红种场	青贮玉米
		西宁市湟中区土门关有红种植场	青贮玉米
		西宁市湟中区西堡凯云家庭农场	饲用燕麦
		西宁市湟中区轩泉种养殖专业合作社	青贮玉米
		西宁市湟中区伊鹤种养殖专业合作社	青贮玉米
		西宁市湟中区忠昌种养殖合作社	饲用燕麦
		西宁市湟中区忠昌种养殖专业合作社	青贮玉米
		西宁市湟中区众裕养殖专业合作社	青贮玉米
		西宁市湟中区众裕种养殖专业合作社	青贮玉米
		西宁市湟中区卓迈种养殖专业合作社	饲用燕麦

企业生产情况（续）

单位：家、吨

干草生产量	草捆	草块	草颗粒	草粉	其他	青贮生产量	草种生产量
100	100						120
400	400						500
20	20						25
198	198						250
154	154						257
						361	
						623	
						467	
						1332	
						374	
						1691	
						423	
120	120						145
						437	
81	81						104
						204	
						2100	
						605	
158	158						257
						1307	
						962	
320	320						400
						625	
						350	
						318	
145	145						179

7-6　各地区草产品加工

地　　区	县类别	企业名称	饲草种类
		西宁市湟中县铭盛种养殖专业合作社	饲用燕麦
		西宁兴盛农副产品营销专业合作社	青贮玉米
		银鑫家庭农场	青贮玉米
		湟源贵春家庭农场	饲用燕麦
		湟源哈拉库图种植专业合作社	饲用燕麦
		湟源海山养殖专业合作社	青贮玉米
		湟源海珍种植专业合作社	饲用燕麦
		湟源宏昌种植专业合作社	饲用燕麦
		湟源禄享种植专业合作社	饲用燕麦
		湟源庆达种植专业合作社	饲用燕麦
		湟源荣新种植专业合作社	饲用燕麦
		湟源寿成种植专业合作社	饲用燕麦
		湟源顺英养殖专业合作社	青贮玉米
		湟源正鑫农副产品营销专业合作社	饲用燕麦
		青海博业农牧开发有限公司	饲用燕麦
		青海众汇农牧开发有限公司	饲用燕麦
		乐都区益生牧草种植专业合作社	饲用燕麦
		青海东牧湾农牧科技开发有限公司	青贮玉米
			饲用燕麦
			紫花苜蓿
		青海凯瑞生态科技有限公司	饲用燕麦
		民和县光林种植专业合作社	青贮玉米
		民和绿宝饲草科技开发有限公司	青贮玉米
		民和县鼎辉农牧科技有限公司	青贮玉米
		青海沃谷庄园农牧科技有限公司	青贮玉米
		互助佳华生态牧草种植农民专业合作社	饲用燕麦

企业生产情况（续）

单位：家、吨

干草生产量	草捆	草块	草颗粒	草粉	其他	青贮生产量	草种生产量
180	180						220
						1841	
						5900	
500	500					1050	110
2100	2100					1500	
						2000	
10000	10000					3500	
1100	1100					2180	210
750	750					1600	161
200	200					450	50
750	750					1500	
3000	3000						
						3000	
2000	2000					1100	
2100	2100					5000	
2400	2400					3500	
						7568	
						10555	
						5759	
						4710	
130	130						360
						4945	
						2360	
						5397	
						459	
						3908	340

7-6　各地区草产品加工

地　　区	县类别	企业名称	饲草种类
		互助文康家畜养殖农民专业合作社	青贮玉米
			饲用燕麦
		互助县成孝家庭农场	饲用燕麦
		互助县富荣种植农民专业合作社	饲用燕麦
		互助县共发种植农民专业合作社	青贮玉米
		互助县建鑫绿田养殖家庭牧场	饲用燕麦
		成云养殖专业合作社	饲用燕麦
	半牧区	门源春鑫农牧业专业合作社	饲用燕麦
	半牧区	门源县成安农机服务专业合作社	饲用燕麦
	半牧区	门源县富源青高原草业发展有限责任公司	饲用燕麦
	半牧区	门源县金门牛牦牛养殖专业合作社	饲用燕麦
	半牧区	门源县麻莲草业有限责任公司	饲用燕麦
	半牧区	门源县麻莲迈尔素牛羊育肥专业合作社	饲用燕麦
	半牧区	门源县荣晟生态养殖业专业合作社	饲用燕麦
	半牧区	门源县志兴种植专业合作社	饲用燕麦
	半牧区	门源县种马场	披碱草
	牧区	倒淌河镇尕海生态畜牧业合作社	饲用燕麦
	牧区	共和和财牛羊养殖专业合作社	饲用燕麦
	牧区	共和聚鑫达韦藏系羊生态养殖专业合作社	饲用燕麦
	牧区	共和县赛吉珠滩青稞种植专业合作社	饲用燕麦
	牧区	共和县裕丰燕麦种植专业合作社	饲用燕麦
	牧区	共和泽众青稞种植专业合作社	饲用燕麦
	牧区	海南州赛曲家庭牧场	饲用燕麦
	牧区	青海水沐云农业科技有限公司	饲用燕麦
	牧区	青海香咔梅朵牧业有限公司	饲用燕麦
	牧区	青海杨森农牧生态有限公司	青贮玉米

企业生产情况（续）

单位：家、吨

干草生产量	草捆	草块	草颗粒	草粉	其他	青贮生产量	草种生产量
						3050	
						1000	
						1650	
						1481	
						1631	
						1450	
						2200	
						4184	
						3588	
						5381	
						2567	
						4798	
						1303	
700	700					1148	
						1692	
1431	1431						
1719	1719						
582	582						
600	600						
783	783						
1229	1229						
8248	8248						
1714	1714						
636	636						
979	979						
16669	16669						

7-6　各地区草产品加工

地　区	县类别	企业名称	饲草种类
	牧区	青海省三江集团牧草良种繁殖场有限责任公司	披碱草
	牧区	青海省三江牧草良种繁殖场有限责任公司	其他多年生饲草
	牧区	青海省三江牧集团牧草良种繁殖场有限责任公司	早熟禾
	牧区	同德县北牧源生态科技开发有限公司	披碱草
			饲用燕麦
	半牧区	贵德华光牛羊繁育专业合作社	青贮玉米
	半牧区	贵德县宝丰养殖场	青贮玉米
	半牧区	贵德县常牧镇色尔加村股份经济合作社	青贮玉米
	半牧区	贵德县德成种植专业合作社	青贮玉米
	半牧区	贵德县海盛生态养殖专业合作社	青贮玉米
	半牧区	贵德县河西镇才堂村股份经济合作社	青贮玉米
	半牧区	贵德县互丰农业科技有限责任公司	青贮玉米
	半牧区	贵德县江仓麻高原生态养殖基地	青贮玉米
	半牧区	贵德县绿源种植农民专业合作社	青贮玉米
	半牧区	贵德县玛域诺珍养殖专业合作社	青贮玉米
	半牧区	贵德县天露良种奶牛繁育有限公司	青贮玉米
	半牧区	贵德县拓富绿色农业专业合作社	青贮玉米
	半牧区	贵德县育华种植专业合作社	青贮玉米
	半牧区	贵德县豫犇养殖场	青贮玉米
	半牧区	贵德县紫光凝农牧科技专业合作社	青贮玉米
	半牧区	贵德雪山露源畜产品开发有限公司	青贮玉米
	半牧区	青海龙根农牧业科技开发有限公司	青贮玉米
	半牧区	青海绿甸园农牧科技有限公司	青贮玉米
	半牧区	青海学清农牧开发有限公司	多年生黑麦草
	半牧区	青海永澳现代农业开发有限公司	青贮玉米
	牧区	兴海才合杰养殖家庭牧场	饲用燕麦

企业生产情况（续）

干草生产量	草捆	草块	草颗粒	草粉	其他	青贮生产量	草种生产量
871	871						902
804	804						80
654	654						151
30	30						
1400	1400						
						1001	
						3400	
						2400	
						1200	
						1100	
						3000	
						3800	
						2000	
						1800	
						1700	
						3300	
						2700	
						2498	
						1397	
						1400	
						3300	
						1400	
						2000	
						1600	
						1000	
133	133						

7-6 各地区草产品加工

地　区	县类别	企业名称	饲草种类
	牧区	兴海鼎荣家庭牧场	青贮玉米
	牧区	兴海尕连峡养殖业家庭牧场	青贮玉米
	牧区	兴海金滩家庭牧场	饲用燕麦
	牧区	兴海咖吉养殖专业合作社	饲用燕麦
	牧区	兴海绿城家庭牧场	青贮玉米
	牧区	兴海那果种养殖专业合作社兴海县	饲用燕麦
	牧区	兴海仁宣养殖家庭牧场	饲用燕麦
	牧区	兴海盛农家庭农场	饲用燕麦
	牧区	兴海县阿措合奶牛养殖农民专业合作社	饲用燕麦
	牧区	兴海县白光家庭农场	饲用燕麦
	牧区	兴海县百丰禽畜养殖农民专业合作社	青贮玉米
	牧区	兴海县百富勤养殖专业合作社	饲用燕麦
	牧区	兴海县百年丰收家庭农场	饲用燕麦
	牧区	兴海县班玛家庭农场	饲用燕麦
	牧区	兴海县冲萨高原型牦牛繁育农牧业养殖专业合作社	饲用燕麦
	牧区	兴海县灯塔贵明家庭农场	饲用燕麦
	牧区	兴海县丁生德家庭农场	饲用燕麦
	牧区	兴海县董甲种植业农民专业合作社	饲用燕麦
	牧区	兴海县都台兴旺家庭农场	饲用燕麦
	牧区	兴海县豆改家庭农场	饲用燕麦
	牧区	兴海县多彩畜牧业养殖农民专业合作社	饲用燕麦
	牧区	兴海县多杰切旦家庭牧场	饲用燕麦
	牧区	兴海县丰田种养殖专业合作社	饲用燕麦
	牧区	兴海县富康畜牧养殖专业合作社	青贮玉米
	牧区	兴海县富翔种养殖农民专业合作社	饲用燕麦

企业生产情况（续）

单位：家、吨

干草生产量	草捆	草块	草颗粒	草粉	其他	青贮生产量	草种生产量
						150	
						686	
603	603						
215	215						
						2737	
542	542						
46	46						
765	765						
489	489						
1164	1164						
						1311	
1273	1273						
1198	1198						
1502	1502						
237	237						
178	178						
257	257						
260	260						
167	167						
513	513						
188	188						
203	203						
575	575						
						440	
600	600						

7-6 各地区草产品加工

地　区	县类别	企业名称	饲草种类
	牧区	兴海县嘎哇亚卓种养殖农民专业合作社	饲用燕麦
	牧区	兴海县刚坚养殖农民专业合作社	饲用燕麦
	牧区	兴海县高原丰收生态畜牧业专业合作社	饲用燕麦
	牧区	兴海县河卡镇灯塔村股份经济合作社	饲用燕麦
	牧区	兴海县河卡镇上游村有股份经济合作社	饲用燕麦
	牧区	兴海县河卡镇五一村股份经济合作社	饲用燕麦
	牧区	兴海县河卡镇幸福村生态畜牧业专业合作社	饲用燕麦
	牧区	兴海县恒远畜牧业养殖专业合作社	青贮玉米
	牧区	兴海县华尔旦家庭农场	饲用燕麦
	牧区	兴海县惠万民种养殖专业合作社	饲用燕麦
	牧区	兴海县加当家庭牧场	饲用燕麦
	牧区	兴海县金鹏肉食品有限公司	饲用燕麦
	牧区	兴海县金盛家庭农场	饲用燕麦
	牧区	兴海县金实枸杞种植业农民专业合作社	青贮玉米
	牧区	兴海县金穗种植业农民专业合作社	饲用燕麦
	牧区	兴海县久丰种植农民专业合作社	青贮玉米
	牧区	兴海县康鑫藏系羊养殖专业合作社	饲用燕麦
	牧区	兴海县龙藏乡浪琴村股份经济合作社	饲用燕麦
	牧区	兴海县民兴生态畜牧业专业合作社	饲用燕麦
	牧区	兴海县农鑫蔬菜种植专业合作社	青贮玉米
	牧区	兴海县诺金种植业农民专业合作社	饲用燕麦
	牧区	兴海县诺央家庭农场	饲用燕麦
	牧区	兴海县强盛生态畜牧业专业合作社	饲用燕麦
	牧区	兴海县琼桑央宗家庭农场	饲用燕麦
	牧区	兴海县秋丰家庭农场	饲用燕麦
	牧区	兴海县曲什安镇才乃亥村股份经济合作社	青贮玉米

企业生产情况（续）

单位：家、吨

干草生产量	草捆	草块	草颗粒	草粉	其他	青贮生产量	草种生产量
1485	1485						
140	140						
1125	1125						
1038	1038						
766	766						
709	709						
355	355						
						2640	
1268	1268						
640	640						
165	165						
168	168						
297	297						
						4180	
1500	1500						
						950	
191	191						
602	602						
499	499						
						1646	
468	468						
1365	1365						
1654	1654						
897	897						
587	587						
						2570	

7-6 各地区草产品加工

地　区	县类别	企业名称	饲草种类
	牧区	兴海县曲什安镇莫多村股份经济合作社	饲用燕麦
	牧区	兴海县鹊宝畜牧养殖专业合作社	饲用燕麦
	牧区	兴海县群匝家庭牧场	饲用燕麦
	牧区	兴海县荣盛源肉牛养殖农民专业合作社	青贮玉米
	牧区	兴海县赛行种植农民专业合作社	饲用燕麦
	牧区	兴海县索南项秀家庭牧场	饲用青稞
	牧区	兴海县泰力种植业农民专业合作社	青贮玉米
	牧区	兴海县唐尕滩家庭农场	饲用燕麦
	牧区	兴海县腾翔种养殖农民专业合作社	青贮玉米
	牧区	兴海县腾远种养殖农民专业合作社	青贮玉米
	牧区	兴海县旺禾家庭农场	饲用燕麦
	牧区	兴海县温泉乡赛什塘村股份经济合作社	饲用燕麦
	牧区	兴海县夏日岗家庭牧场	饲用燕麦
	牧区	兴海县扬华家庭农场	饲用燕麦
	牧区	兴海县扬阔家庭农场	饲用燕麦
	牧区	兴海县羊仓桑养殖家庭牧场	饲用燕麦
	牧区	兴海县瑶田绿野家庭农场	饲用燕麦
	牧区	兴海县尹宏发种植业农民专业合作社	饲用燕麦
	牧区	兴海县裕民种植农民专业合作社	青贮玉米
	牧区	兴海县扎甘畜牧业养殖专业合作社	饲用燕麦
	牧区	兴海县周欠本家庭农场	饲用燕麦
	牧区	兴海县子科滩泉曲村股份经济合作社	青贮玉米
	牧区	贵南县东格尔畜牧业专业合作社	饲用燕麦
	牧区	贵南县绿色生态畜牧养殖专业合作社	饲用燕麦
	牧区	贵南县茫拉乡都兰村经济合作社	饲用燕麦
	牧区	贵南县茫拉乡活然村股份经济合作社	饲用燕麦

企业生产情况（续）

单位：家、吨

干草生产量	草捆	草块	草颗粒	草粉	其他	青贮生产量	草种生产量
2818	2818					2015	
355	355						
556	556						
						1267	
924	924						
304	304						
						4180	
548	548						
						1188	
						502	
161	161						
3150	3150						
160	160						
460	460						
188	188						
744	744						
1433	1433						
146	146						
						1593	
410	410						
566	566						
						5553	
382	382						
50	50						
2839	2839						
1678	1678						

7-6 各地区草产品加工

地 区	县类别	企业名称	饲草种类
	牧区	贵南县茫拉乡却旦塘村股份经济合作社	饲用燕麦
	牧区	贵南县茫拉乡上落哇股份经济合作社	饲用燕麦
	牧区	贵南县茫拉乡下落哇村股份经济合作社	饲用燕麦
	牧区	贵南县茫曲镇托勒村股份经济合作社	饲用燕麦
	牧区	贵南县民康蔬菜种植专业合作社	饲用燕麦
	牧区	贵南县桑杰尖措家庭牧场	饲用燕麦
	牧区	贵南县完玛家庭牧场	饲用燕麦
	牧区	贵南县万玛项欠专业合作社	饲用燕麦
	牧区	贵南县祥泰生态畜牧业专业合作社	饲用燕麦
	牧区	拉干村股份经济合作社	饲用燕麦
	牧区	茫拉乡康吾羊村股份经济合作社	饲用燕麦
	牧区	青海省贵南草业开发有限公司	披碱草
			饲用燕麦
	牧区	青海现代草业有限公司	披碱草
			饲用燕麦
	牧区	久治县达尕村、尖木村、门堂村合作社	饲用燕麦
	牧区	德令哈晨翔养殖专业合作社	紫花苜蓿
	牧区	德令哈尕海红枸杞种植专业合作社	紫花苜蓿
	牧区	德令哈贵鑫养殖专业合作社	紫花苜蓿
	牧区	德令哈民兴大麦种植专业合作社	紫花苜蓿
	牧区	德令哈市元辉种植专业合作社	紫花苜蓿
	牧区	德令哈陶哈生态畜牧业专业合作社	紫花苜蓿
	牧区	海西农牧穗祥农牧科技有限公司	紫花苜蓿
	牧区	平原村村集体股份经济合作社	紫花苜蓿
	牧区	青海奔盛草业有限公司	青贮玉米
			饲用燕麦

企业生产情况（续）

单位：家、吨

干草生产量	草捆	草块	草颗粒	草粉	其他	青贮生产量	草种生产量
292	292						
2722	2722						
4693	4693						
284	284						
2077	2077						
110	110						
181	181						
138	138						
300	300						
2500	2500						
1496	1496						
7856	7856						
1167	1167						
2500	2500						
8143	8143						
436	436						
125	125						
130	130						
140	140						
50	50						
170	170						
130	130						
150	150						
50	50						
4000	4000						
5600	5600						

7-6 各地区草产品加工

地 区	县类别	企业名称	饲草种类
宁 夏 （97家）	牧区 牧区	青海乌兰金泰哇玉农业生态科技有限责任公司等 英得尔种羊公司	紫花苜蓿 饲用燕麦 紫花苜蓿
		宁夏农垦茂盛草业科技有限公司	紫花苜蓿
		贺兰县常信兴达家庭牧场	紫花苜蓿
		贺兰县东源种植专业合作社	饲用黑麦
		贺兰县立岗镇通义兴华 家庭农场	饲用燕麦
		贺兰县习岗镇建鑫养殖场	饲用小黑麦
		贺兰县张亮农机专业合作社	饲用燕麦
		宁夏凤氏农业专业合作社	紫花苜蓿
		宁夏合牧农业科技有限公司	饲用小黑麦
		宁夏厚宁现代农业专业合作社	饲用小黑麦
		宁夏嘉禾塞茂农业发展 有限公司	饲用燕麦
		宁夏康伟农机专业合作社	紫花苜蓿
		宁夏乐东农业科技有限公司	饲用小黑麦 紫花苜蓿
		宁夏绿捷牧草种植专业合作社	紫花苜蓿
		宁夏绿山饲草种植专业合作社	紫花苜蓿
		宁夏农垦暖泉农场有限公司	饲用小黑麦
		宁夏田园牧歌草业科技有限公司	紫花苜蓿
		宁夏银湖现代农业种植专业合作社	饲用小黑麦
		灵武市同心农业综合开发有限公司	青贮玉米 饲用小黑麦 饲用燕麦

企业生产情况（续）

单位：家、吨

干草生产量	草捆	草块	草颗粒	草粉	其他	青贮生产量	草种生产量
2700	2700						
1350	1350					2650	
1200	1200						
156241	101825	60	53755	602		181848	51
						6600	
2000	2000						
200	200						
200	200						
140	140						
100	100						
480	480						
250	250						
280	280						
120	120						
500	500						
						800	
						600	
600	600						
						2000	
180	180						
						5400	
180	180						
						100000	
2400	2400						
						624	

7–6　各地区草产品加工

地　区	县类别	企业名称	饲草种类
		灵武市欣兴饲草产业有限公司	紫花苜蓿
			紫花苜蓿
			其他一年生饲草
		大武口区平安种植家庭农场	紫花苜蓿
		大武口区志利家庭农场	紫花苜蓿
		石嘴山市大武口区向阳屯农业产品销售专业合作社	紫花苜蓿
		石嘴山市普丰牧草种植专业合作社	紫花苜蓿
		宁夏隆恩农牧有限公司	紫花苜蓿
		石嘴山市普丰牧草种植专业合作社	紫花苜蓿
		宁夏丰德农林牧开发有限公司	紫花苜蓿
		宁夏红高粱农业发展有限公司	紫花苜蓿
		宁夏宏萍农牧科技专业合作社	紫花苜蓿
		宁夏金苗农产品专业合作社	紫花苜蓿
		宁夏蕾牧高科农业发展有限公司	紫花苜蓿
		宁夏平罗县党世伟业家庭养殖场	紫花苜蓿
		宁夏千叶青农业科技发展有限公司	紫花苜蓿
		平罗县成昊家庭农场	紫花苜蓿
		平罗县创威农牧开发有限公司	紫花苜蓿
		平罗县顶峰家庭农场	紫花苜蓿
		平罗县禾景沙漠治理专业合作社	紫花苜蓿
		平罗县洪伟农林牧开发有限公司	紫花苜蓿
		平罗县龙华农业专业合作社	紫花苜蓿
		平罗县明鹏园农业专业合作社	紫花苜蓿
		平罗县盛世家园合作社	紫花苜蓿
		平罗县陶乐天源復藏农业开发有限公司	紫花苜蓿

企业生产情况（续）

单位：家、吨

干草生产量	草捆	草块	草颗粒	草粉	其他	青贮生产量	草种生产量
1000	1000					8000	
35000			35000				
17500			17500				
410	410						
252	252						
1005	1005						
820	820						
7740	7740					19952	
1080	1080						
1470	1470						
1040	1040						
420	420						
1872	1872						
530	530						
315	315						
1472	1472					6150	
827	827						
368	368						
903	903						1
2080	2080						
368	368						
690	690						
819	819						
756	756						
1828	1828						

7-6 各地区草产品加工

地　区	县类别	企业名称	饲草种类
		平罗县玉杰农业种植专业合作社	紫花苜蓿
		前进农场	紫花苜蓿
	牧区	宁夏丰田农牧有限公司	紫花苜蓿
	牧区	宁夏金润泽生态草业有限公司	紫花苜蓿
	牧区	宁夏坤美农业发展有限公司	紫花苜蓿
	牧区	宁夏盐池县巨峰农业开发有限公司	饲用燕麦
			紫花苜蓿
	牧区	宁夏紫花天地农业有限公司	紫花苜蓿
	牧区	盐池县庚徽养殖有限公司	紫花苜蓿
	牧区	盐池县坤厚农业科技有限公司	紫花苜蓿
	牧区	盐池县乐山农机专业合作社	紫花苜蓿
	牧区	盐池县绿海苜蓿产业发展有限公司	紫花苜蓿
	牧区	盐池县四季宏种养殖专业合作社	紫花苜蓿
	牧区	盐池县盈科家庭农牧场	紫花苜蓿
	牧区	中德海（宁夏）农牧有限公司	紫花苜蓿
	半牧区	灵武市同心农业综合开发有限公司	紫花苜蓿
	半牧区	宁夏塞伊德农林牧综合开发有限公司	紫花苜蓿
	半牧区	宁夏森林苑农业科技发展有限责任公司	紫花苜蓿
	半牧区	同心县博天种植家庭农场	紫花苜蓿
	半牧区	同心县德友苜蓿种植专业合作社	紫花苜蓿
	半牧区	同心县贵海养殖专业合作社	紫花苜蓿
	半牧区	同心县黄谷川种植专业合作社	紫花苜蓿
	半牧区	同心县惠雯种植专业合作社	紫花苜蓿
	半牧区	同心县军强种植专业合作社	紫花苜蓿
	半牧区	同心县龙贵养殖专业合作社	紫花苜蓿
	半牧区	同心县铭瑞需养殖专业合作社	紫花苜蓿

企业生产情况（续）

单位：家、吨

干草生产量	草捆	草块	草颗粒	草粉	其他	青贮生产量	草种生产量
4410	4410						
1995	1995						
2400	2400						
270	270						
562	562						
400	400						
1162	1162						
1800	1800						
326	326						
400	400						
1332	1332						
1589	1589						
232	232						
748	748						
900	900						
3326	3326					1374	
427	427						
365	365						
510	510						
560	560						
1380	1380						
936	936						
2590	2590						
1009	1009						
371	371						
503	503						

7-6　各地区草产品加工

地　区	县类别	企业名称	饲草种类
	半牧区	同心县荣欣养殖专业合作社	紫花苜蓿
	半牧区	同心县神农益民中药材种植专业合作社	紫花苜蓿
	半牧区	同心县世欣养殖专业合作社	紫花苜蓿
	半牧区	同心县义刚养殖专业合作社	紫花苜蓿
	半牧区	同心县玉涛药材种植专业合作社	紫花苜蓿
	半牧区	同心县泽龙肉牛养殖专业合作社	紫花苜蓿
		固原市原州区畜旺牧业种植专业合作社	青贮玉米
			紫花苜蓿
		固原市原州区金惠饲草产销专业合作社	紫花苜蓿
		固原市原州区军霞种植专业合作社	紫花苜蓿
		宁夏荟峰农副产品有限公司	紫花苜蓿
		宁夏丝路希望农业科技有限公司	紫花苜蓿
		宁夏旺畜草业有限公司	紫花苜蓿
		西吉县冰玉农牧业合作社	紫花苜蓿
		西吉县搏动农业科技有限公司	紫花苜蓿
		西吉县武红养殖专业合作社	紫花苜蓿
		西吉县银丰草畜产业种植专业合作社	紫花苜蓿
		隆德县德野草业科技有限公司	紫花苜蓿
		隆德县金杉种养殖专业合作社	紫花苜蓿
		隆德县牧丰草业专业合作社	紫花苜蓿
		隆德县腾发牧草专业合作社	青贮玉米
			紫花苜蓿
		隆德县正荣种养殖专业合作社	紫花苜蓿
		宁夏神农牧业科技有限公司	紫花苜蓿
		宁夏大田新天地有限公司	青贮玉米
		宁夏千种栗牧业有限公司	紫花苜蓿

企业生产情况（续）

单位：家、吨

干草生产量	草捆	草块	草颗粒	草粉	其他	青贮生产量	草种生产量
765	765						
495	495						
600	600						
2000	2000						
425	425						
790	790						
						2750	
160	160						
460	460						
270	270						
2196	1000		625	572		168	50
6003	6003						
2000	1400		600				
400	400						
400	400						
350	350						
500	500						
620	620						
						2100	
400	400					360	
						4320	
						3000	
300	300					250	
600	600					350	
180	60	60	30	30		16100	
						950	

7-6 各地区草产品加工

地 区	县类别	企业名称	饲草种类
新 疆 （22家）		彭阳县富鑫种植专业合作社	紫花苜蓿
		彭阳县国银林草加工农民专业合作社	紫花苜蓿
		彭阳县汇金苜蓿购销专业合作社	紫花苜蓿
		彭阳县金田丰种植专业合作社	紫花苜蓿
		彭阳县罗洼乡寨科村股份经济专业合作社	紫花苜蓿
		彭阳县荣发农牧有限责任公司	紫花苜蓿
		彭阳县占福草业购销合作社	紫花苜蓿
		中卫善于生态科技有限公司	紫花苜蓿
		中卫市创美生态产业有限责任公司	紫花苜蓿
		昌吉市博耘草业有限公司	饲用小黑麦
			苏丹草
			紫花苜蓿
		呼图壁县同发饲草料农民专业合作社	青贮玉米
		玛纳斯县春敏草畜养殖农民专业合作社	紫花苜蓿
	半牧区	新疆天莱草业有限责任公司	青贮玉米
	半牧区	精河县天北牧业颗粒饲料加工合作社	紫花苜蓿
	半牧区	和硕县阿力木养殖农民专业合作社	其他一年生饲草
	半牧区	和硕县双丰农牧有限公司	紫花苜蓿
		拜城县鼎元牛业公司	青贮玉米
		拜城县牧泰畜牧农牧专业合作社	其他一年生饲草
		柯坪县喜羊羊农牧有限公司	青贮玉米
		新疆刀郎阳光饲料有限公司	其他一年生饲草
		喀什田园草业有限公司	其他一年生饲草
		察布查尔县玖牧草业有限公司	紫花苜蓿

企业生产情况（续）

单位：家、吨

干草生产量	草捆	草块	草颗粒	草粉	其他	青贮生产量	草种生产量
500	500						
3500	3500						
2300	2300						
550	550						
1500	1500						
5640	5640						
2500	2500						
670	670						
469	469						
171988	**75312**	**12350**	**24834**		**59492**	**206959**	**591**
40	40						175
84	84						97
288	288						14
						18000	
3600	3600						
						114334	
9200	7500		1700				
16500	8000		8500				
19200	9500		9700				
						18200	
7000	7000					21000	
						3000	
8600					8600		
50892					50892		
2934			2934				

7-6 各地区草产品加工

地　区	县类别	企业名称	饲草种类
	半牧区	伊犁茂生园林绿化工程有限公司	紫花苜蓿
	牧区	新疆巩乃斯种羊场有限公司伊天骏草业分公司	紫花苜蓿
	牧区	新源县老农民农机专业合作社	紫花苜蓿
	半牧区	新疆天瑞农牧科技有限公司	紫花苜蓿
	牧区	新疆瑞吉兰德种业公司	苏丹草
			紫花苜蓿
	牧区	富蕴县泽通农业综合开发有限公司	青贮玉米
	牧区	福海县九州现代农业发展有限公司	青贮玉米
	牧区	哈巴河县开拓者有限公司	青贮玉米
			紫花苜蓿
	牧区	青河县宿之花有限责任公司	紫花苜蓿
新疆兵团 （3家）		第五师双河市牧丰草业合作社	紫花苜蓿
		胡杨河市河柒农业科技有限公司	青贮玉米
		额敏县新塔牧业有限公司	其他一年生饲草
黑龙江农垦 （5家）		黑龙江红兴隆农垦犇犇奶牛养殖农民专业合作社	青贮玉米
		黑龙江农垦嫩蒙牧草种植有限公司	紫花苜蓿
		张氏饲草加工合作社	羊草
		黑龙江农垦东兴草业有限公司	紫花苜蓿
		黑龙江四方山牧业有限公司	紫花苜蓿
		黑龙江农垦东兴草业有限公司	紫花苜蓿
		黑龙江四方山牧业有限公司	紫花苜蓿

企业生产情况（续）

单位：家、吨

干草生产量	草捆	草块	草颗粒	草粉	其他	青贮生产量	草种生产量
5000	3000		2000				
3000	3000						
12350		12350				4000	
9000	9000						
							220
							85
						1200	
						14225	
						13000	
20000	20000						
4300	4300						
18700	**17500**		**1200**				
1200			1200				
8500	8500						
9000	9000						
13775	**7775**	**6000**				**23806**	
						9835	
1775	1775						
12000	6000	6000				2850	
						7950	
						3171	
						7950	
						3171	

附　　录

附录一　草业统计主要指标解释

一、草业统计主要指标解释

（一）天然饲草利用情况

1. 累计承包面积：明确了承包经营权，用于畜牧业生产的天然草地面积。形式包括承包到户、承包到联户和其他承包形式，三者之间没有包含关系。单位：万亩，最多保留3位小数。

2. 禁牧休牧轮牧面积：禁牧面积、休牧面积、轮牧面积之和，三者之间没有包含关系。禁牧是指对生存环境恶劣、退化严重、不宜放牧以及位于大江大河水源涵养区的草原，实行禁牧封育的面积；休牧是对禁牧区域以外的可利用草原实施季节性放牧的面积；轮牧是对禁牧区域以外的可利用草原实施划区轮牧的面积。单位：万亩，最多保留3位小数。

3. 天然草地越冬干草贮草总量：在天然草地上生产，为牲畜越冬而储备的各类青干草数量，不包括已经饲喂或使用的数量。单位：万吨，计干重，最多保留3位小数，牧区半牧区县填报。

4. 天然草地越冬青贮草贮草总量：在天然草地上生产，为牲畜越冬而储备的各类青贮草数量，不包括已经饲喂或使用的数量。单位：万吨，计实际重，最多保留3位小数，牧区半牧区县填报。

5. 累计有效打井数：截至统计年末，所有可用于灌溉草地的有效打井数量。已经报废或不能发挥灌溉作用的不作统计。单位：口，取整数，牧区半牧区县填报。

6. 当年有效打井数：当年打挖的用于灌溉草地的有效打井数量。单位：口，取整数，牧区半牧区县填报。

7. 井灌面积：有效井灌溉、生产饲草的天然草地面积。单位：万亩，最多保留3位小数，牧区半牧区县填报。

8. 草场灌溉面积：当年对生产饲草的草场进行灌溉的面积。多次灌溉不重复计算面积。单位：万亩，最多保留3位小数，牧区半牧区县填报。

9. 定居点牲畜棚圈面积：在牧民定居点专门建设的用于牲畜生产

生活的棚圈面积，不含牧民自筹资金建设面积。单位：平方米，取整数，牧区半牧区县填报。

10. 贮草情况：主要指农牧民饲养牲畜越冬，贮备饲草量（干重）和青贮量。

11. 放牧天数：主要指牲畜在天然草原上放牧的天数。

12. 打草量：在天然草场刈割收获，用于饲喂牲畜的各类青干草数量。

（二）饲草种子生产情况

1. 种子田面积：人工建植的专门用于生产饲草种子的面积，不含"天然草场采种"面积。单位：万亩，最多保留3位小数。

2. 单位面积产量：单位面积种子产量。单位：千克/亩，取整数。

3. 草场采种量：在天然草场（包括天然草原和人工草地）上采集的饲草种子量，不统计面积和单位面积产量。单位：吨，最多保留3位小数。

4. 种子产量：人工建植种子田生产的饲草种子产量和草场采种量之和。

5. 饲草种子销售量：当年销售的饲草种子数量。外购进来再次销售的数据不做统计。单位：吨，最多保留3位小数。

（三）多年生饲草生产情况

1. 饲草种类：指苜蓿、饲用燕麦、全株青贮玉米、黑麦草等优质饲草，在填报系统中分种类选择，分别填报。

2. 当年新增面积：当年经过翻耕、播种，人工种植饲草（草本、半灌木和灌木）的面积，不包括压肥面积。同一地块上多次重复种植同种饲草面积累计。多种类饲草混播，按照一种主要饲草种类统计。单位：万亩，最多保留3位小数。

3. 当年耕地种草面积：当年在耕地上种植饲草的面积，包含农闲田种草面积。单位：万亩，最多保留3位小数。

4. 农闲田种草面积：在可以种植而未种植农作物的短期闲置耕地（农闲田）种植饲草的面积，包括冬闲田种草面积、夏秋闲田种草面积、果园隙地种草面积、四边地种草面积和其他类型种草面积，相互之间没有包含关系。单位：万亩，最多保留3位小数。

5. 冬闲田种草面积：利用冬季至春末闲置的耕地种植饲草，并能够达到饲草成熟或适合收割用作牲畜饲用的面积。做绿肥的不做统计。单位：万亩，最多保留3位小数。

6. 夏秋闲田种草面积：利用夏季至秋末闲置的耕地种植饲草用作牲畜饲用的面积。做绿肥的不做统计。单位：万亩，最多保留3位小数。

7. 四边地种草面积：利用村边、渠边、路边、沟边的空隙地种植饲草用作牲畜饲用的面积。所种饲草不用做牲畜饲用的不做统计。单位：万亩，最多保留3位小数。

8. 其他类型种草面积：除冬闲田、夏秋闲田、果园隙地和四边地以外的农闲田种植饲草用作牲畜饲用的面积。所种饲草不用做牲畜饲用的不做统计。单位：万亩，最多保留3位小数。

9. 保留面积：经过人工种草措施后进行生产的面积，包含往年种植且在当年生产的面积和当年新增人工种草的面积。多种类饲草混合播种，按一种主要饲草种类统计。单位：万亩，最多保留3位小数。

10. 单位面积产量：单位面积干草产量。单位：千克/亩，取整数，计干重。

11. 灌溉比例：实际进行灌溉的面积比例，不论灌溉次数。单位：%，取整数。

（四）一年生饲草生产情况

1. 当年种草面积：当年种植且在当年进行生产的面积，做绿肥的面积不做统计。同一地块不同季节种植不同饲草，分别按照饲草种类统计面积。同一地块多次重复种植同种饲草面积累计。多种类饲草混合播种，按一种主要饲草种类统计。单位：万亩，最多保留3位小数。

2. 单位面积产量：单位面积干草产量。饲用作物折合干重。单位：千克/亩，取整数，计干重。

3. 收贮面积：指用于青贮的全株玉米及其他饲草的刈割面积。

4. 青贮量：指全株刈割用于青贮的全株玉米及其他饲草收贮量。

（五）商品草生产情况

1. 生产面积：专门用于生产以市场交易为目的的商品饲草种植面积。单位：万亩，最多保留3位小数。

2. 商品干草总产量：实际生产能够进行交易的商品干草数量。单位：吨，最多保留1位小数。

3. 商品干草销售量：实际销售的商品干草数量。单位：吨，最多保留1位小数。

4. 青贮量：指全株刈割用于青贮的全株玉米及其他饲草收贮量。单位：吨，取整数，不折合干重。

5. 青贮销售量：实际销售的青贮产品数量。单位：吨，取整数，不折合干重。

（六）草产品企业生产情况

1. 企业名称：包含草产品生产加工公司、合作社、厂（场）等。填写全称。

2. 干草实际生产量：实际生产的干草产品数量。包括草捆产量、草块产量、草颗粒产量、草粉产量和其他产量。单位：吨，最多保留1位小数。

3. 青贮产品生产量：实际青贮的产量。单位：吨，最多保留1位小数。不折合干重。

4. 饲草种子生产量：实际生产的饲草种子干重，不论是否销售或自用。单位：吨，最多保留1位小数。

附录二　全国268个牧区半牧区县名录

省份	数量	地（州、市）名称	牧区县		半牧区县	
			数量	县（旗、市、区）名称	数量	县（旗、市、区）名称
合计	64		108		160	
内蒙古	10	包头市	1	达茂		
		赤峰市	2	阿鲁科尔沁、巴林右		巴林左、翁牛特、克什克腾、林西、敖汉
		通辽市				科尔沁左翼中、科尔沁左翼后、扎鲁特、开鲁、奈曼、库伦
		鄂尔多斯市	4	鄂托克、乌审、杭锦、鄂托克前		东胜、准格尔、达拉特、伊金霍洛
		呼伦贝尔市	4	新巴尔虎右、新巴尔虎左、陈巴尔虎、鄂温克		阿荣、莫力达瓦、扎兰屯
		巴彦淖尔市	2	乌拉特中、乌拉特后		乌拉特前、磴口
		乌兰察布市				察右中、察右后、四子王
		兴安盟				科尔沁右翼中、科尔沁右翼前、突泉、扎赉特
		锡林郭勒盟	9	阿巴嘎、锡林浩特、苏尼特左、苏尼特右、镶黄、正镶白、正蓝、东乌珠穆沁、西乌珠穆沁		太仆寺
		阿拉善盟	3	阿拉善左、阿拉善右、额济纳		
四川	3	阿坝州	4	阿坝、若尔盖、红原、壤塘	9	马尔康、黑水、九寨沟、茂县、汶川、理县、小金、金川、松潘
		甘孜州	9	石渠、色达、德格、白玉、甘孜、炉霍、道孚、稻城、理塘	9	康定、新龙、泸定、丹巴、九龙、雅江、乡城、巴塘、得荣

（续）

省份	数量	地（州、市）名称	牧区县 数量	县（旗、市、区）名称	半牧区县 数量	县（旗、市、区）名称
四川	3	凉山州	2	昭觉、普格	15	盐源、木里、西昌、德昌、会理、冕宁、越西、雷波、喜德、甘洛、布拖、金阳、美姑、宁南、会东
西藏	7	拉萨市	1	当雄	1	林周
		昌都地区			7	昌都、江达、贡觉、类乌齐、丁青、察雅、八宿
		山南地区			4	曲松、措美、错那、浪卡子
		日喀则地区	2	仲巴、萨嘎	5	谢通门、康马、亚东、昂仁、岗巴
		那曲地区	8	那曲、嘉黎、聂荣、安多、申扎、班戈、巴青、尼玛	2	比如、索县
		阿里地区	3	革吉、改则、措勤	4	普兰、札达、噶尔、日土
		林芝地区			1	工布江达
甘肃	9	兰州市			1	永登
		金昌市			1	永昌
		白银市			1	靖远
		武威市	1	天祝	1	民勤
		张掖市	1	肃南	1	山丹
		酒泉市	2	肃北、阿克塞	1	瓜州
		庆阳市			2	环县、华池
		定西市			2	漳县、岷县
		甘南州	4	玛曲、碌曲、夏河、合作	2	卓尼、迭部

省份	数量	地（州、市）名称	牧区县		半牧区县	
			数量	县（旗、市、区）名称	数量	县（旗、市、区）名称
青海	6	海北州	3	海晏、刚察、祁连	1	门源
		黄南州	2	泽库、河南	2	尖扎、同仁
		海南州	4	共和、同德、兴海、贵南	1	贵德
		果洛州	6	班玛、久治、玛沁、甘德、达日、玛多		
		玉树州	6	玉树、称多、杂多、治多、曲麻莱、囊谦		
		海西州	5	天峻、乌兰、都兰、格尔木、德令哈		
新疆	12	乌鲁木齐市			1	乌鲁木齐
		哈密地区			3	哈密、巴里坤、伊吾
		昌吉州	1	木垒	1	奇台
		博尔塔拉州	1	温泉	2	博乐、精河
		巴音郭楞州			4	尉犁、和静、和硕、且末
		阿克苏地区			2	温宿、沙雅
		克孜勒苏柯尔克孜州	2	阿合奇、乌恰	1	阿克陶
		喀什地区	1	塔什库尔干		
		和田地区			1	民丰
		伊犁州	3	新源、昭苏、特克斯	2	尼勒克、巩留
		塔城地区	3	托里、裕民、和布克赛尔	2	塔城、额敏
		阿勒泰地区	7	阿勒泰、布尔津、哈巴河、富蕴、青河、福海、吉木乃		
云南	1	迪庆州			3	德钦、维西、香格里拉

（续）

省份	数量	地（州、市）名称	牧区县		半牧区县	
			数量	县（旗、市、区）名称	数量	县（旗、市、区）名称
宁夏	2	吴忠市	1	盐池	1	同心
		中卫市			1	海原
河北	2	张家口市			4	沽源、张北、康保、尚义
		承德市			2	围场、丰宁
山西	1	朔州市			1	右玉
辽宁	3	沈阳市			1	康平
		阜新市			2	彰武、阜新
		朝阳市			3	北票、建平、喀喇沁左翼
吉林	3	四平市			1	双辽
		松原市			3	前郭尔罗斯、乾安、长岭
		白城市			4	镇赉、大安、洮南、通榆
黑龙江	5	齐齐哈尔市			4	龙江、甘南、富裕、泰来
		鸡西市			1	虎林
		大庆市	1	杜尔伯特	3	肇源、肇州、林甸
		佳木斯市			1	同江
		绥化市			5	兰西、肇东、青冈、明水、安达

注：在原有的 264 个牧区半牧区县的基础上新增加云南省的德钦、维西、杏格里拉县和西藏自治区的尼玛县；其中，尼玛县纳入牧区县范围，德钦、维西、香格里拉县纳入半牧区县范围；甘肃省安西县更名为瓜州县。

附录三　附　图

万亩

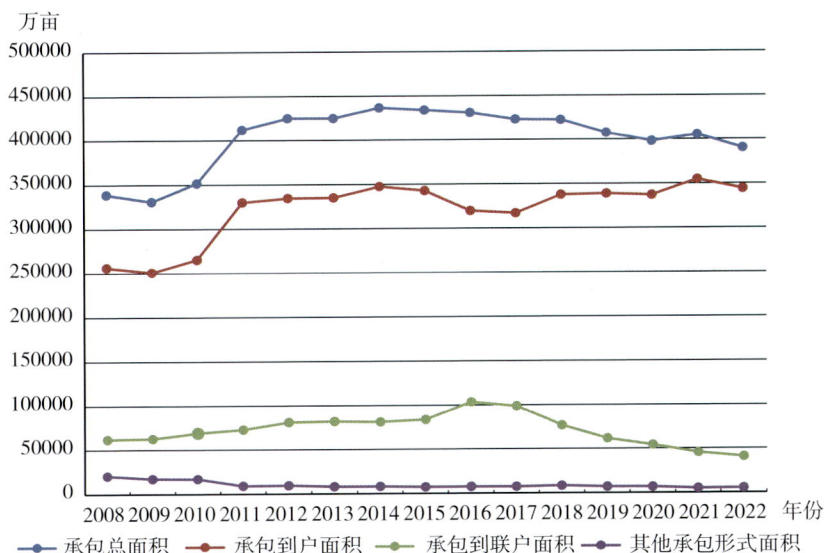

附图1　2008—2022年天然草地承包面积

万亩

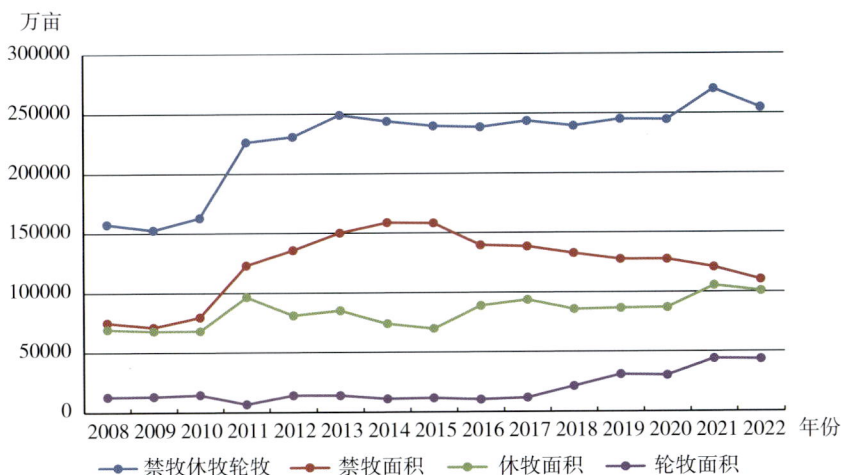

附图2　2008—2022年草原禁牧休牧轮牧面积

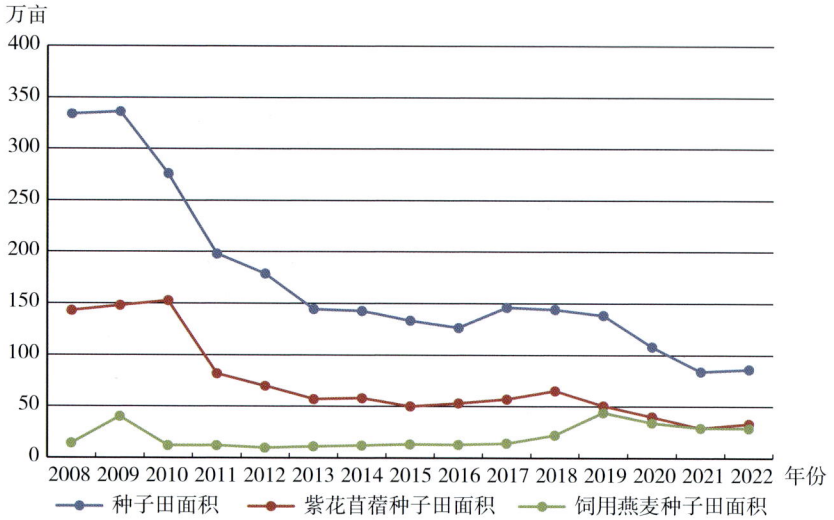

附图3　2008—2022年主要饲草种子田面积

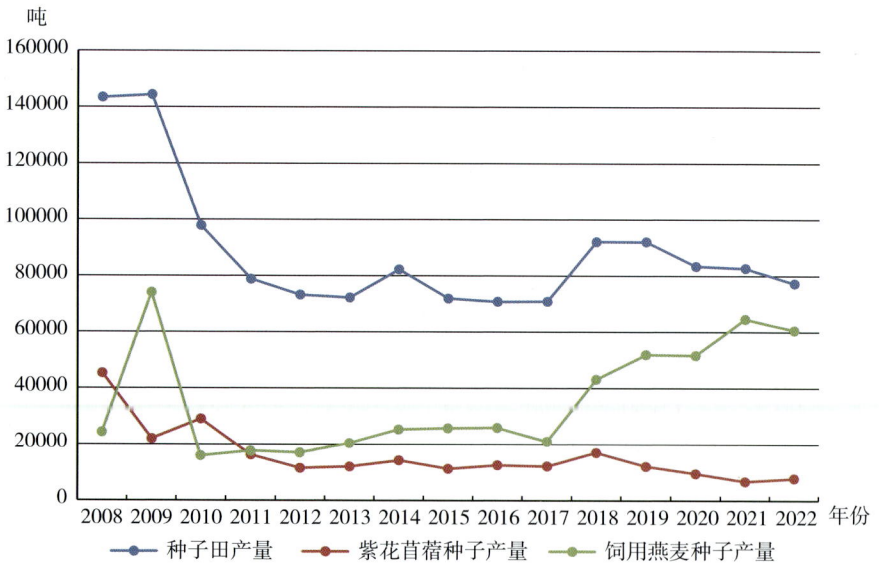

附图4　2008—2022年主要饲草种子产量

万亩

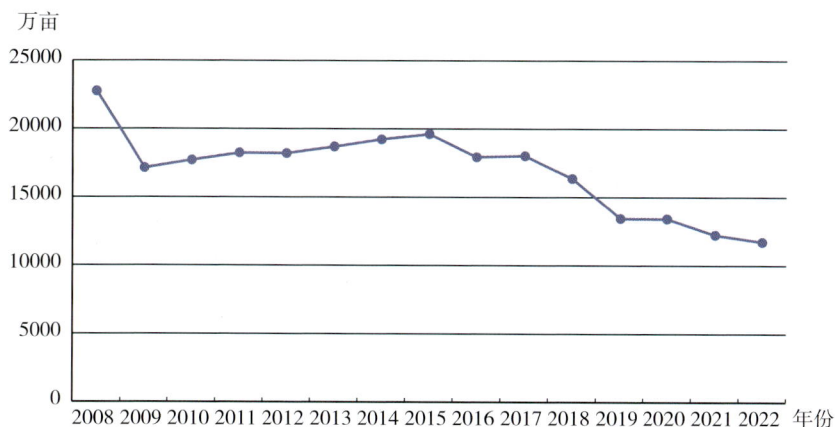

附图5　2008—2022年人工种草保留面积

万亩

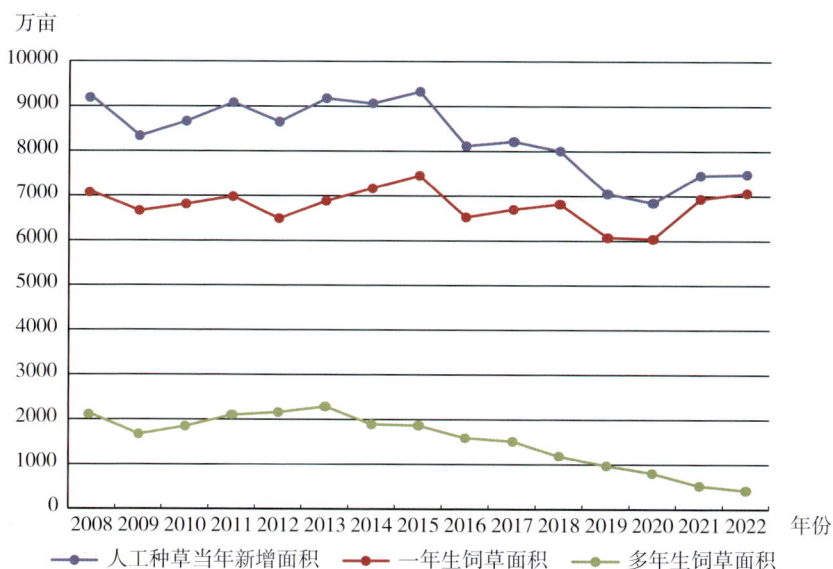

附图6　2008—2022年人工种草当年新增面积

万亩

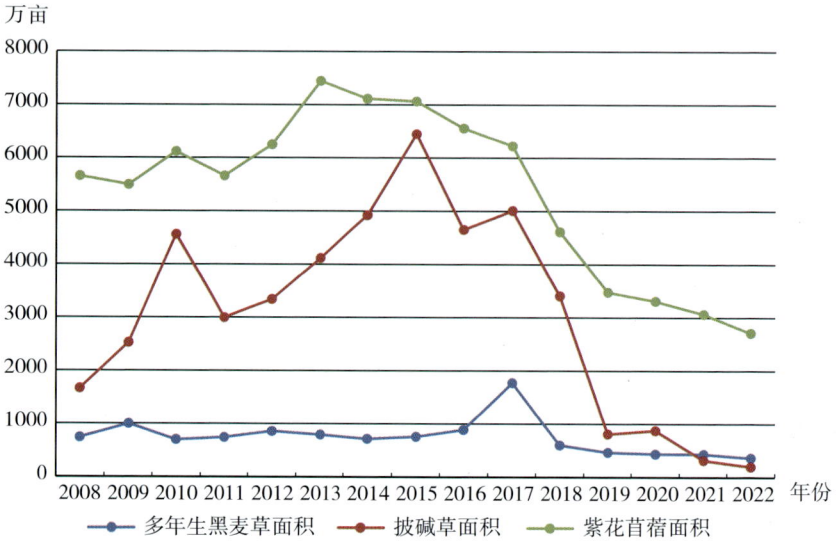

附图7　2008—2022年主要多年生饲草保留面积

万亩

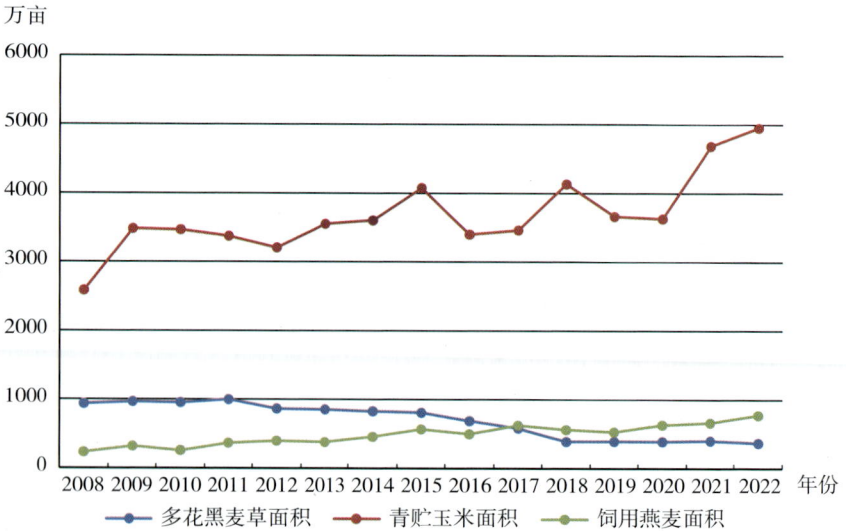

附图8　2008—2022年主要一年生饲草种植面积